洽商旅遊　我的雙贏政策

國外出差是國貿工作必行之務，客戶所在也許是
炙熱的沙漠，也許是飄雪的國度，我欣然接受；
國外出差，洽商兼旅遊，我的雙贏政策，一切的
一切都充滿挑戰與樂趣，全心投入，充滿活力。

I

尋找潛在買主　把握每次出擊

國際展覽成本高昂，追求成效為最高之務，任務
繁重，積極專注把握每次出擊，珍惜所有可能機
會，白天於展場認真推廣，展後主辦單位的各項
活動 (如買主之夜) 更是佳機，尋找潛在買主，
以期增加展覽綜效，不遺餘力。

展場多變　累積經驗

展場情況千變萬化，應對掌握需經驗累積；我很榮幸身受企業界肯定，委託合作，經常巡迴於國際各大展場。每一次的展覽，我都全力以赴，一如行路千里，讀書萬卷，諸多新知吸收增長，為我的展場推廣掌握更添功力。

民情風俗　放心融入

要深入國外市場，除專業知識外，了解該國的文化風俗與民情，更是推廣業務的最佳輔助工具。最簡單的方式就是一顆熱情冒險的心，放心融入當地文化，體驗在地生活方式，不論是沙漠騎駱駝，或是開汽艇「尬」船，勇敢嘗試，才會知道多麼新鮮有趣！

入境隨俗　知識寶庫

世界各地奇風異俗，各異其趣，文化各有其特殊發展背景與魅力，是無窮盡的知識寶庫。入境隨俗，遵守當地風俗習慣，是最基本的禮貌。尊重異國文化，擷取優點，忽略缺點，放心深入，不但能讓自己擁有不同體驗的樂趣，也更具親和力。

跳脫傳統　至誠接待

雙親家訓，待人處事唯有用心真誠，對方定能深刻感受，這番話對我受益良多。國外客戶來訪，我總會以跳脫傳統的方式接待，如請他們品嚐臺灣之光：珍奶，暢遊寶島知名景點，享用人情味濃厚的臺式辦桌，無不令國外客戶倍覺新奇有趣，印象深刻。

展場奇緣　綿綿延續

2006 年春季展我和 Bertil 夫婦相識，難能可貴的緣分。2009 年夏季應邀到瑞典拜訪，全家人為我舉行了歡迎餐會。北歐夏季時刻日落甚晚，用餐時已近晚上八點，夏日的陽光熱力四射，讓北歐人眷戀不已。

芬蘭如此多嬌　引我流連駐足

這是這趟北歐行，我最喜歡的照片，出自相識多年的北歐客戶 Bertil 之手。

搭乘 city tour 列車，在赫爾辛基大街小巷穿梭，隨處轉角的風景都讓人驚豔，舊時文明與現代繁華並蓄。隨著旅程行腳，眼所見、心所感，我用文字、相機和心靈一一記錄。

結束 city tour，抬頭但見晴空，我想著，這一切所見所聞，不只是我生命豐富的一頁，更是工作上難能可貴的見聞與經驗。

思緒流轉時，聽見快門聲，Bertil 竟巧妙地捕捉了我剛才思考的身影。照片拍得極為自然，好看極了。

我問他：為什麼拍？

Bertil 說：我覺得剛才的妳，是輕鬆悠閒的旅行者，也是認真用心的求知者。從展場上認識，email 與電話的聯繫，到這次妳親自來訪，我們在在感受到妳是好特別的女孩！聰明優雅的妳，對目標執著，對工作認真，旅行是妳的最愛，放鬆時又不忘把握時間，身上總帶著相機跟筆記本，將看過的、遇到的，細細記錄。把工作融入生活，享受生活中工作，讓我好感動！所以很自然而然就按下快門了。

Bertil 的話，讓我會心一笑。稱讚，溢美了，感動開懷的是相知於我結合興趣，樂於工作與生活一體的態度。

為感謝 Bertil 全家盛情招待，我出奇招，煮了一頓豐盛美味的臺灣料理宴請大家，微薄心意，以為回禮致謝。美食無國界，大受好評。和他們一家人相處融洽，席間閒談，就東西方文化差異交換意見，話題開心有趣，更增添彼此相知相惜的珍貴情誼。

旅程畫下句點之時，我在雲端回首向斯堪地納維亞半島告別。短短二週所得到的精采回憶充實了我的生命。如同照片裡的我，輕提步往前，這些時日的所見所聞，將會伴隨我熱愛的國貿工作，繼續認真向前。

國際商展
Exhibition Marketing
完全手冊

職場專門店

商展女王 **李淑茹** 著

第二版

親切客服爲產品加了溫度！

和 Monica Lee 相識於 2006 年 3 月的臺北國際自行車展，那是我第七次參觀此展，一如以往去看看有什麼新穎的產品可加入我公司的產品線，引進北歐市場。

老實說，對於 2006 的臺北自行車展，我的收穫並不大，逛展的結果甚至讓我感到失望。然而，就在第二天，我在展場二樓遇見了 Monica，她和她的老闆親切地問候我。以太陽能發電功能訴求的車燈照片搶眼地張貼在攤位牆面上，醒目的照片像磁鐵般吸引我停留駐足，我欣然接受 Monica 的邀請，入內洽談。

毫無疑問，這款產品是前所未見的全新發明，能在展場上發現它，真令我開心。

展覽第三天，我決定再到 Monica 公司的攤位進行更進一步的了解，並讓他們知道我有興趣下訂單購買。當時 Monica 正在接洽另一位客戶，而她的老闆不懂英語，無法和我溝通。我等了一會兒，就先行離去。後來你猜怎麼著？Monica 結束 meeting 後，竟馬上從攤位追出來找我，特地請我回攤位，並針對我所有關心的議題給了滿意的答覆。這個細心又貼心的舉動深深感動了我，也因為她如此出人意表的客服精神，讓我深信，這就是我想找的公司。

數月後，2006 年 8 月的德國，我們又在 EUROBIKE 展

覽相遇。展期間某一晚，Monica 和她的老闆、安全帽製造商 Daniel、我太太 Kerstin，和我在 EUROBIKE 展場舉辦的 Friedrichshafen 市的 See Hotel 共進晚餐。這頓愉快的晚餐加深了彼此的友誼，也開始雙方生意上的合作。

我們都非常喜歡 Monica，透過往來，了解到她是一位誠實又有魅力的國外業務。會讓我決定購買太陽能車燈的主因，正是因為 Monica 細心體貼的人格特質，專業知識充分、面面俱到又無微不至的服務。

後來雖然 Monica 離開該公司，我們仍然保持聯絡。2009 年臺北自行車展，我們又碰面了。在展覽第三天，Monica「挾持」我，她帶我離開臺北，搭高鐵到她的故鄉臺中，來這裡拜訪兩天。和 Monica 的朋友們會合後，我們一起到日月潭觀光，又參觀玻璃博物館，度過美好時光。隔天，我自行搭高鐵回臺北。

Monica 為我堅持用心規劃安排的兩日之旅，讓我印象深刻；她和她朋友們的熱誠招待更讓我貼心感動。我邀請 Monica：「妳這個夏天一定要來瑞典！Kerstin 和我的孩子們都非常希望妳能來，和我們共度美好的夏日時光。」

Monica 依約於 2009 年 7 月 14 日來訪，除了瑞典，大夥兒還一起去了芬蘭跟挪威，共享愉快的旅行。Monica 還特別煮了美味的臺灣料理宴請我們一家和友人們。離別之時，真的非常捨不得她離開。

跟 Monica 也常常商討許多生意上的事情。Monica Lee 是本公司目前獨家委託的在臺市場特派員，負責為本公司尋找臺灣製造及其他遠東區具獨創性、新發明的產品。我們深深以彼此間的商務關係為傲，更珍惜這位真誠的朋友：Monica Lee。

作者按：

從 2006 年臺北展相識以來，Bertil 夫婦一直是我多方面的貴人，在工作上，總不吝惜分享，樂於指導後生晚輩；工作外，更如同家中的長輩一樣，把我當成是自己的孩子，疼惜有加，這難得的緣分，令我格外珍惜。

2009 年夏天，應他們熱誠之邀請，我隻身飛往瑞典拜訪，頭一次踏上北歐極地，心情有興奮、有期待，還有更多更多的好奇。

在近北極圈的瑞典，一年四季從不分明。看得見溫暖陽光的時候，最多不超過五個月，其餘時間都是白皚皚的冰天雪地，國土地型南北斜長，64% 的國土為森林所覆蓋，自然資源極度缺乏，在這種「先天不良」的地理氣候條件限制，卻無法阻擋瑞典的發展。隨著歲月流逝，瑞典以驚人的成長茁壯，成為一個現代、自由又民主的國家，經濟發展與環境保護並重，公民的生活標準質量高，並推行最令世界各國稱羨的完善社會福利制度，因福利保障內容廣泛，又有「從搖籃到墳墓保證」之稱。

在 Bertil 夫婦的嚮導下，我走遍瑞典許多地方，看見了許許多多在盛夏陽光下，盡情享受生命的笑顏，也感受到斯堪的納維亞民族執著又認真的一面。他們遵守制度，善盡義務，一板一眼，絕不投機，守法互信共創的福利榮景，由瑞典全民共享，更深深了解 Bertil 夫婦縱橫商場數十年如一日的秘訣，原來就是源自於如此務實且沉穩的民族性，令我由衷讚賞，當成是學習的典範。

Monica Lee, as we know her, first appeared before my eyes in March 2006 at the Taipei Cycle Show. This was my seventh trip to this yearly event. I visit the show to see what new and innovative products could possibly spice up our company's imports for the Scandinavian market.

Initially at the 2006 show, I did not find much and I began to mistrust. Then, on the second day and on the second floor of the Trade Center, I saw Monica at the booth where she and her boss greeted me. The solar powered bicycle light beamed on large photos on the walls of the booth. The photos made me stop and pulled me in like a magnet. I gladly accepted Monica's invitation for me to sit down.

Clearly, this was a product the world had never seen. And I was lucky to have found it.

On the third day of the Cycle Show, I decided to go back to Monica's booth to learn more and tell them I was interested to buy. Monica was busy with another visitor, and her boss does not speak English. After a few minutes I walked away, only to have Monica come running after me. She brought me back to the booth and addressed all of my concerns. I am very happy she did. Because of the exceptional customer service she provided me, I was convinced this was a company I wanted to do business with.

A few months' later, in August 2006 in Germany, we met again at the EUROBIKE show. One evening Monica, her boss, Daniel from helmets company in Taiwan, my wife Kerstin and myself had dinner at the See Hotel in Friedrichshafen, the city of the EUROBIKE show. We solidified our friendship and the beginning of our business cooperation.

We both love Monica and have come to know her as a

charismatic and honest sales person. The reason we bought Solar light was her personality, perseverance and emphatic service.

Even Monica left the solar light company afterward, but we stayed in touch. At the Taipei Cycle Show in 2009, we met again. On the third day of the show, Monica "kidnapped" me. She took me away from the tiresome show business in Taipei, and led me to the train station, where we took the speed train to Taichung, Monica's home town, for two days sightseeing in the middle region of Taiwan. Together with some of Monica's friends, we went to Sun Moon Lake on a sunny day and we visited the Glass Museum. The next evening, I boarded the speed train back to Taipei.

I was so impressed by Monica's decisive handling of this two day travel arrangement for me. I was equally impressed by her and her friends' hospitality. "Monica" I said "you must come to Sweden and Scandinavia this summer". "Kerstin, me, our son and daughter must absolutely share some summer life with you by having you among us for a couple of weeks".

Monica came to Sweden on July 14, 2009. We visited Finland and Norway also. We had so much fun. Monica cooked Chinese food for our family and friends. We were sad to see her leave.

We talked much business also. Monica Lee is now our appointed scout for new product ideas originating in Taiwan and other areas of the Far East. We are very proud of our business relationsship and we cherish our friendship with Magnificent Monica Lee.

Bertil Holmgren
manager of Locker Room AB Hjälmhuset --- Sweden ----
December 1, 2009

Preface

　　真心想成為國際貿易的傳教士，希望能透過不同途徑來幫助周遭對貿易有興趣的人，循序漸進地敲開世界的大門，順利地朝心中的理想邁進，其中以參加國際展覽是目前國際行銷最有效的方式之一。關於市面上指導如何參加國際商展叢書頗多，內容豐富精湛，不過均是主辦單位根據辦展者的經驗所撰，似乎缺少了某部分參展者所需的觀點，也因為筆者每年教授的國際貿易實務課程中，最受到學生青睞的課程，即屬「參加國際展覽實務」，此緣起成了筆者撰寫此書最大之原動力。深愛旅行的筆者，一直懷有環遊世界的夢想，出乎意料之外竟藉由工作得以逐漸實現。對筆者而言，工作不再只具謀生的意義，而是一項樂趣。

　　寶島臺灣，四面環海，係典型海島國家，腹地幅員狹小，天然資源匱乏，加上近年來傳統產業大量外移，內需不足，外銷流失，如此內外夾攻的困境，讓臺灣在國際經濟舞臺上倍受嚴峻考驗，解套之法，依筆者淺見唯有從事國際貿易，利用經濟槓桿效力，才能讓臺灣的經濟起飛，再現奇蹟。

　　為了跳脫過去傳產業著重於 OEM 的貿易型態，多數企業已紛紛轉型具備了 ODM 的能力，甚至朝向 OBM 的方向而努力，面對國際情勢及經濟變化，國內企業必然要延伸經營觸

角，積極與國際接軌，因此，培養國際化的專業人才成了首要任務，以期能活躍在國際經濟舞臺上，立於不敗之地。

獲利的關鍵在於，除了產品端不斷的創新研發外，行銷通路也是極其重要一環，但這也是臺灣在拓展海外市場的盲點。臺灣在行銷方面一直居於弱勢，而國際貿易專業人才的培訓，必須有完整的訓練，才有足夠的能力面對各項挑戰，累積豐富實務經驗，成為全方位之貿易人才。

此書以「立足臺灣，放眼國際」的實務操作為導向，令企業人員經過一系列完整密集訓練後，迅速進入狀況，必須學習的專業領域包括：國際貿易實務、國際行銷、參展技巧及展前訓練、商用英語、貿易糾紛處理、國際商務談判及國際禮儀訓練等。

筆者有幸以多年輔導各廠商參展的經驗，蒐集了諸多珍貴的資料，再佐以理論基礎、實務法則、案例說明、實際演練循序漸進，以及網羅諸多貿易狀況實例，內容不但淺顯易懂，而且容易應用，儼然是拓展國際行銷之實用寶典。出版此書，主要目的在於，理念傳遞與經驗分享。透過交流，好的經驗會延續，壞的經驗會趨避，幫助別人是一種良性循環。不論幫助了誰，就長遠來看，都是幫助自己，或許現在並無知覺，但它終究一定會繞回來。

本著作的完成，最要感謝親愛的家人的全力支持，讓筆者無後顧之憂地全力以赴，也很感謝諸多好友在精神上或實質上

的鼎力相助，甚至連筆者的國內外客戶都熱誠無比地提供許多實際案例，在此由衷感謝諸位先進及好友，提供了各行各業相關的專業資料及案例，使本書內容極為廣泛且深入，更期許本書能拋磚引玉，吸引更多人才投入國際貿易工作，讓臺灣變成貿易寶島，早日實現在國際經濟舞臺上聞名的理想。

李淑茹　謹識
2009 年 12 月

Contents

Part 1
如何參加
國際展覽

1
參展主要的意義 ———————

宏碁創辦人施振榮先生的微笑曲線理論指出，行銷通路是令企業掌握獲利的重大關鍵之一，對於開拓通路的最佳行銷方式，影響買主採購決策的最大因素，一般公認為參加展覽，尤其是國際性展覽，不過參展畢竟是所費不貲的拓銷活動，需有事先的了解、充分的準備，方可達到事半功倍的效果。

根據性質，一般英文上展覽會有「exhibition」、「fair」、「show」等不同稱法，它最主要的定義即一個大型臨時的工商市場，在特定地區、時間，聚集了對該產業、展品有興趣的買賣雙方進行媒合的商業活動。不單只是行銷產品、為企業品牌宣傳打開知名度之外，展覽會更是全世界技術、資訊交流的最佳平臺。拜全球化經濟之賜，展覽會越來越受到各國政府及經商人士的重視，許多國家的特定地區成了展覽重鎮，藉由辦展，帶動了觀光業、活絡了周邊的經濟，更肯定了

展覽卓越的重要性。

　　參展不是理論，而是非常實務。儘管參展只是眾多行銷方式之一，不過卻被公認為是最直接、最有效、邊際效益最高的廣告方式。即使所費不貲，仍能在短期間內，接觸到大量的人潮及潛在客戶，是其他行銷方式所望塵莫及的。參展的目的眾多，其中最重要的，無非是要透過參展活動，開拓市場、增加商機，另外，更可藉由如此廣大的接觸面，進行其他活動，以增加效益。

▚ 1.1　首要目的 ▚

找尋合適的交易對手

　　買、賣雙方藉著世界大展齊聚一堂，透過當面的接洽，一方面可以認識新客戶、維繫舊客戶；另一方面，也能縮短交易過程，增加無限商機。

新產品發表

　　展覽會是賣方發表新產品的最佳時機，視客戶的詢問度而定，藉以測試新產品是否受市場青睞。詢問度高，往往是踏出成功的第一步；詢問度低，亦可請買方就新產品提出意見，讓賣方將新產品修正趨近完備，以符合買方需求，進而增加產品正式上市的成功機率。

開拓市場，增加商機

企業參展最大的目的，無非是想擴大市場增加交易機會，藉由數天的展覽，能廣泛接觸到來自全球，有潛力的買、賣雙方。花最短的時間，接觸無限大的市場，達到最佳的經濟效益。

▚ 1.2　次要目的 ▚

掌握市場脈動，最佳國際市場調查

偵測該產業市場動向，一窺目前市場上的流行趨勢，掌握尖端訊息，藉以調整自己的研發腳步，避免偏離市場期待，在國際著名的展覽會上，最易於蒐集各項情報，迅速獲知市場上最新的訊息，這正是知己知彼、市場調查的最佳機會，可深切了解該產業之發展趨勢。

產業指標的重大意義

展覽是產業發展狀況的最佳指標，越有前瞻性或發展如日中天般的產業，通常該產業的相關展覽活動越生氣蓬勃、盛大舉辦；反觀夕陽產業的相關展覽則是日漸凋零，因此由展覽盛衰情況，可大約評估該產業發展趨勢，供企業作為永續經營的參考指標。例如全球三電子展、位居第二大的臺北國際電腦展「COMPUTEX」，每年參展及看展人數持續創新高，奠定了臺灣電子產業在國際間不可忽視的地位。

企業廣告

參展是一條不歸路，尤其是參加世界大展，一旦參加後，往往要持續參展，避免半途而廢，這有助於維持企業知名度或建立公司形象，還可增加買方對參展廠商的信心，尤其越著名的展覽，就聚集越多該產業代表性廠商。

▦ 1.3 增益目的 ▦

觀察競爭者之活動

所謂「知己知彼、百戰百勝」，藉由觀察展場上競爭對手的活動，採取必要的措施及因應方法，不但可讓企業避險，亦可掌握商機，例如對手是否研發出眾多新品？什麼樣的新產品？訪客人數多寡？舉辦何種促銷活動？甚至是否有仿冒侵權的情況產生。

公司主要幹部及員工培訓

企業擇優指派參展人員，藉由展覽會上，可達到三種作用：(1) 對於行銷業務人員而言，與客戶面對面的接洽，可以訓練他們如何將公司產品推薦給客戶，進而獨當一面；(2) 對於研發人員而言，藉由看展及現場客戶的意見，增加研發符合客戶需求產品的功力；(3) 對於廠務人員而言，透過觀摩別人產品品質及客戶要求，更重視製程控管。如果業務、研發、廠務此金三角合作無間，企業將是傲視群雄，業績更是所向披靡。

2
選對展覽

◤ 2.1 參展前評估 ◢

產業概況評估

　　企業針對此產業是否具市場性作評估。對於市場上陌生或不成熟的產品、產業走向及前瞻性詭譎多變，且較難掌握不易評估的產品，皆需多方嘗試；市場上很成熟的產品，往往生產者眾，價格競爭；反之，如果是夕陽工業，不具未來前瞻性，宜慎重考慮行銷活動，因為很可能落入投資得多，回收得少的窘境。總之，宜先掌握該產業現況、未來市場走向、通路管道及競爭型態等分析做全盤考量。

擇定欲開發的市場

市場規模

　　首先，擇定欲開發的市場範疇為何。主打本地市場時，可由國內展開始。較大的區域市場（例如歐盟、北美及東協等）及更大的國際市場（全球），則需找相關產業之國際展進行開發。

市場性質

　　其次，確定選擇目標市場的展覽或是潛在市場的展覽。一般剛計畫參展的廠商都會比較小心，為了避免出錯，他們總會跟隨同業從目標市場的著名大展開始參加，一旦目標市場穩固之後，再根據公司行銷企劃選擇其他合適的潛在市場參展。儘管如此，選擇展覽的首要考量，端看這個展覽是否適合參者企業的產品及行銷策略。參加大展，並不意味著一定接到大單。

展覽會的評估與選定

展覽資訊來源

　　一般而言，可利用下列管道取得：

1. 主辦單位或展覽公司會主動招商，提供完整的展覽資訊或展後報告，例如外貿協會（TAITRA）或各商業、工業之公會等。
2. 向同業打聽該產業常參加之展覽相關訊息。
3. 專業雜誌、各產業常有專屬的專業雜誌，其內容常會報

　　導該產業著名的展覽各項細節。

4. 參考創立八十多年德國出版之《m+a 國際展覽年鑑》
（*m+a Int'l Tradeshow Directory*），這是一本介紹全世界
各大展覽的參考年鑑，分為產業類別及國家地區編排，
內容包括：商展、展期、展覽場館、主辦單位及相關商
旅資訊之簡介，資訊內容持續地更新，是企業拓展商機
的重要參考資訊。

5. 利用網路上搜尋世界各地或特定地區展覽相關資訊的專
業網站（見附錄一），使資料更臻完備。

6. 針對新興市場或冷門市場較不易搜尋的展訊，除了可利
用上述的網路搜尋資料外，亦可向外貿協會、貿易推廣
組織或其他相關產業之公協會查詢。

展覽規模的遴選

　　可從展覽過去的歷史權威性、知名度、優劣勢的評比、訪
客數，及分屬於哪些國家、有效買家數、參展廠商數及分屬於
哪些國家等數據，做初步的評估。一般而言，知名度越高的展
覽，會吸引越多的參展廠商及買主，潛在成交的機會較大。

展覽性質的遴選

　　欲了解各展覽的性質，可由媒體報導及新聞發佈、附加活
動之概況、同業經驗分享、當地客戶的意見而有初步的概念。
　　這是參展時很重要的一個環節，展覽的分類依不同的區分
標的，可細分為很多種，在此列舉最常見的兩大類別。
　　第一大類是以展覽區域劃分，可分為：

1. 「國際展」：參展者及參觀者多數來自國外。

2. 「國內展」：參展者及參觀者多數來自國內。

第二大類是以參觀展覽者劃分，可分為：

1. 「專業展」：參觀者是指特定的產業，或是專業領域者，屬於貿易性質的展會，可定位為 B2B 模式，多數著名的國際大展會均屬於此類，由於主辦單位會對參展者及參觀者有所限制及篩選，所以鮮少有非專業人士逛大街、湊熱鬧的情況發生，展出績效最佳，成交的機會相對提高。

2. 「消費展」：參觀者是指一般的消費大眾，參展者想藉由展覽發表相產品或舉辦促銷，可直接銷售給消費者，也可了解消費者的反應及需求，進行產品的改進，對於未來的產品研發方向有相當的幫助。

3. 「綜合展」：則是上述兩者之綜合體，參展廠商分屬許多不同產業，此展通常規模比較大，不但吸引專業人士，也吸引消費者，展況熱烈、強強滾，常形成「內行看門道，外行湊熱鬧」的有趣對比。但整體商業的經濟效益，卻不似專業展覽會，參展者常被沸騰的展場氣氛所誤導，展後才發覺期待與事實有相當的落差，不免感到失落。

優異的主辦單位

主辦單位攸關整個展覽的成敗，也在參展者及參觀者之間扮演著行銷媒介的重要角色。從展前企劃及徵展、展中服務及

管理、展後分析報告等，都令參展者及參觀者滿意，才算是圓滿達成任務。主辦單位有政府單位、各產業工商會、財團法人及展覽公司等，目前以專業的展覽公司負責辦展居多。

參展者可由主辦單位的歷史、規模、信譽、口碑及在這行業的號召力，評估展覽會的品質。對廠商而言，參展不但要追求參展成效，在全球微利化的氛圍，尚必須追求最低成本，因此，參加該展覽的投資效益（ROI）也必須列為參加重點。通常主辦單位會主動提供 ROI 給廠商，當成是徵展的重要訴求，尤其企業如果想參加新的展覽會時，誰是主辦單位就顯得相當重要。

合適的展覽季節

辦展時間是否適宜，相對重要，是不是符合該產業的採購時機，甚至展覽國當地的氣候，也會影響到訪客及參展者的參加意願。例如中東地區，炎熱的盛夏及回教的齋戒月，盡可能避開前往。除此之外，該展覽的主題是否適合公司的產品前往參展，也必須列入考慮重點。

參展前先觀展

參加展覽前，務必先參觀展覽實地評估展出內容，及狀況是否適合自己的產品展出，以免貿然行事，徒勞無功。之前曾有雨傘製造商，未經看展及詳細評估，即到中東參展，結果開展後，產品乏人問津，這才發現該地區不但少雨，雨傘顯然派不上用場；再者，當地婦女的穿著是包裹得密不通風的傳統服

飾及頭巾，陽傘也根本無用武之地，最後的結果當然是鎩羽而歸。

2.2　參展前置作業

做好上述各展覽會的評估及遴選後，決定好參展的展覽會，接下來需儘早著手準備，訂定參展工作計畫，逐步地展開各項工作。

決定參展形式

集體報名參展

參加展覽最常見的方式是，經由組團參展的單位集體參加展覽，例如外貿協會、公會、展覽公司等。由上述國內公私單位組團參展者，通常會在展館包下特定區域設為臺灣形象館區，參展廠商只須透過該單位報名，而無須直接與國外展覽主辦單位聯繫，且部分展覽可獲政府或工會的補助（約 5～10% 或者更多，視該案的預算而定），可省下不少參展成本。

個別報名參展

亦可自行向國外的主辦單位報名。自行報名參加的好處是，參展行程可自我掌控，攤位通常設在外國館中跟外國展商一起參加，找到潛在客戶機會較大，也可避免跟國內一大堆的同業一起競爭，缺點則是費用較高，容易超過預算，展務作業繁瑣。個別報名參展大多是由公司規模大或參展經驗豐富的公

司會採取的方式，它的優缺點則跟集體參展正好相反。

集體或個別參加的注意事項

適合集體參展

首次參展者或公司規模較小的廠商，一般建議還是以集體參展為宜，不但可省時省事，加上近年來，國外買主傾向買臺灣製的產品，透過團體整體規劃註明「臺灣館」的攤位，靠著聲勢浩大的明顯目標，讓買主很容易就找到臺灣展商。

國內展覽代理商

不過大部分著名展覽，在國內均有代理公司，有些國外主辦單位更會嚴格要求如該國有其代理公司者，則一律透過其當地代理公司報名，不接受國外參展廠商個別報名，可事先打聽清楚。

選擇展覽公司

值得注意的是，著名的國際展覽在國內可能有數個展覽單位（公司）都會組團前往參加，決定參加哪個單位前應多比較，不只是比較價錢，更要比較服務內容。例如攤位大小、基本配備、標準攤位裝潢、展品運送、展後攤位後續清理，是否有限制條件等，以避免事後冒出一堆外加的費用，合理的價格往往是品質的保證。

提出參展申請

著名的展覽，往往是一位難求，必須提早甚至透過關係提出申請。尤其新的參展者，可能要先排候補，以免失之交臂，

成效佳的展覽會，甚至可能候補好些年，都不見得有參展機會，這時可先考慮與其他廠商合租攤位，搶得參展先機再說。

報名後，需詳讀展覽資料、參展規定事項，仔細填妥各項申請表單，並注意各項申請之截止日期、規定及限制。

定期開展前會議

召集各相關單位及人員定期與會，確保各項工作進度，也可根據實際狀況提出修正，展前會議重要內容如下：

1. 確認參展產品是否與展覽的主題及參展目標相符。
2. 參展商品類別及數量確認、跟催產品的完成進度。
3. 預計展場首次曝光的新產品，定期的會議有助新產品研發時程的進度監控。
4. 多家廠商聯展時，增加各家廠商的熟悉度，展品是否衝突，提高相互配合性。
5. 參與展場裝潢設計及展品在攤位擺設位置的討論。
6. 人員訓練，包括產品的專業訓練、國貿及展場行銷訓練。
7. 突發狀況及解決配套措施的演練。
8. 隨時修正要改進的各項議題。

擬定參展企劃

根據外貿協會洪銘欽先生的資料統計，參觀者對展覽廠商印象深刻之原因排名及百分比，依序是：

1. 展出產品有興趣（33%）。

2. 現場操作演練講解（27%）。

3. 著名之公司（11%）。

4. 攤位設計與色彩（10%）。

5. 攤位人員表現（9%）。

6. 獲取參展公司書面資料（7%）。

7. 禮品（2%）。

8. 廣告（1%）。

由此統計數據，可在展前籌備時，朝更吸引參觀者的方向進行規劃。

決定參展後，先擬定整個參展之企劃，其內容包含：參加目標、展名、地區、日期、攤位數量、裝潢及布置（制式或個別）、展品、全套的行銷計畫、時程規劃表、參展人員及預算等細節，附上參展企劃書一份（見附錄二），供諸位參考，內容可根據各行各業不同的需求，酌加增減。

3
各地商展特色分析 —————

▪ 3.1 歐洲商展特色 ▪

高品質的歐規產品

　　歐洲市場要求高品質、多樣化的產品加上非常注重產品的安全性及符合的規定，除了各國本身的法令規章之外，還得符合歐盟法規，例如目前最受重視的歐盟環保法規——WEEE 及 RoHS，臺灣製品「樣多、量少、品質精」的特質很符合歐洲人的採購習性，因此，歐洲展覽一直是臺灣供應商列為兵家必爭之地，更是海外拓銷的重點。

展覽興盛之緣起

　　現今的展覽會源自歐洲，展覽歷史悠久，許多展覽距今都有五、六十年的歷史，由於交通方便，海陸空縝密連接的交通，使商務人士方便而迅速地穿梭其中，不因千里遠來，感到

疲憊。由於幅員廣大，歐盟本身就是擁有許多會員國家的大組織，加上鄰近其他洲國家眾多，參展、看展都方便，很容易將全世界的精英齊聚一堂，因此展覽會的國際化程度非常高。

指標性區域

歐洲一直是我們的主要市場之一，也是兵家必爭之地，很重要的戰場，深具指標性意義。諸多企業也會選在歐洲的商展推出新產品，因此是各類新產品首發曝光的絕佳地點，到此看展可一窺全世界最新的流行趨勢。

» 像高速公路收費站的瑞、德邊境

» 歐洲常見的渡輪，人車共乘方便無阻

» 德國 Eurobike，全家一起來逛展

» 德國 Eurobike，連寶貝狗也一起來

展覽王國──德國

全世界十大展場幾乎都在歐洲，地方大，也就方便舉辦規模大的展覽，尤其以位於歐洲中心樞紐的德國，更是著名的展覽標竿國家──「展覽王國」。除了德國是以工業立國，目前還是工業重鎮之外，優異的地理位置，辦展經驗豐富，加上政府大力支持展覽、各項基礎建設及貼心的交通設施，因而造就了德國在展覽業立於「東方不敗」之地位，某些展覽氣氛悠閒，小孩及寵物都可進場。

著名展覽城市有科隆、法蘭克福、慕尼黑、福吉沙芬、杜塞道夫等，都有令人印象深刻的巧思。筆者曾在慕尼黑機場看過免費的飲料吧檯，讓

候機的旅客可享受到各式各樣的茶飲及咖啡;也曾在南部福吉沙芬火車站看到為了方便旅客,所提供可運送行李到月臺的輸送帶,這些細微處的體貼,令人驚喜。

新興的東歐市場

東歐國家最耀眼的一顆星,首推富藏石油的俄羅斯。在蘇聯解體後,靠著輸出石油及天然氣,外匯存底一躍高居全球第三位,成為新經濟強權金磚四國之一。隨著經濟實力趨堅,加上內需市場及消費能力的相對擴大,成為外商眼中極具潛力的新興市場,紛紛提前進駐佈局,在莫斯科舉辦的各產業展覽,也日益活絡,在 2009 年初加入 WTO,俄羅斯現有的經貿體制與國際接軌,市場環境改變,遵守入會後逐年開放市場的承諾,勢必衍生龐大商機,外商們個個莫不摩拳擦掌,伺機而動。

面臨的危機

由於歐洲是個非常成熟的紅海市場,趨近飽和加上近年歐債的影響,發展、潛力受損,歐元區積弱不振,採取樽節措施。因此諸多大展之展出地點也逐漸移往消費低之國家,像是南歐、中國等,影響如何值得關注。

» 福吉沙芬港

參展花絮

波登湖畔逍遙遊——德國 EUROBIKE 展

地點：福吉沙芬展覽館

日期：2008/09/04～07

作者：Kevin Wu

　　福吉沙芬（Friedrichshafen），位於德國南端的一個渡假小城鎮，緊臨波登湖（Bodensee）。這是我第五次來到這裡，每次到訪，都讓我以為到處瀏覽才是主要目的，參展是其次。

　　在這五萬多人的小城裡，生活的步調有如其他歐洲的觀光城市一樣悠閒。假日的時候，騎著自行車到處旅行；或開著自己的小遊艇到湖中去睡個午覺，生活過得十分愜意。

　　也正因為如此，歐洲先進國家的自行車普及率很高，奧地利更是高達 97%（平均每一百人有 97 輛自

» 單車、小艇是假日休閒良伴

22

» 展場附近的飛船搭乘處

行車）。不論在質與量上，水準都很高。

» 福吉沙芬展場

　　參展的會場，是在福吉沙芬城郊的機場旁。有些德國附近的旅客可以經由蘇黎士搭小飛機到此。這裡同時也是齊伯林飛船的搭乘處，你可以搭著飛船，繞湖一圈瀏覽周圍的風光。

　　EUROBIKE 是世界三大自行車展之一。它與 9 月底美國拉斯維加斯的 INTERBIKE、3 月臺北的 TAIPEI CYCLE SHOW 並稱為自行車三大展。EUROBIKE 是所有自行車展中首展，幾乎所有的新產品、新規格都會在這個車展推出。其後才是各地區的展會，如後續的法國展、英國展……等。

　　在會場上，不但有來自歐洲當地的媒體、貿易商、成車

廠，也包含來自世界各地的零件供應商，及需為明年新車訂定規格的產品經理或工程人員。通常他們會在上半年蒐集新產品資訊，以便在會場產品正式推出時，洽談明年是否使用並了解市場的接受度。

» 展場上各式各樣新穎的自行車，令買主及愛車人流連駐足

自行車展與其他展會最大不同是，自行車展不像其他如機械展、五金零件展般嚴肅。因自行車屬休閒運動產品，展場人員的服裝、整個會場的裝潢，到活動的安排，都是比較活潑與生動的。大會甚至舉行「自行車之夜」，請樂團、辦 Buffet，讓氣氛更熱鬧。有一點要注意的是，「自行車之夜」屬派對交誼的性質，有關工作方面的嚴肅話題，可以等會後聯絡時再討論。

這次展覽的目的，除了與平時就已有貿易往來的客戶會面傾聽他們的需求之外，另外也是想再開發新的客戶，拓展新的業務關係。以目前來說，南歐的市場是最欠缺的。主要原因除了消費水準平均較北歐低以外，競爭對手在義大利的地因性也不容忽視。要突破這樣的情勢，唯有建立當地服務

據點，及以更具吸引力的產品，才能打進南歐市場。

　　受到金融風暴的侵襲，這次來看展者，以德國及臨近國家的買主居多；美國、東歐及其他洲的各國買主卻相對減少。令人驚訝的是，美國的 Specialized 在展場已發展至最大的規模，似乎有意要在此時整併歐洲市場，建立自己的地盤。另外，電動自行車與都會城市車的興起，使得展場上這兩類車的攤位與數量較往年增多，在油價高漲、經濟衰退的情形下，自行車有著節能減碳、省錢環保的形象，是非常有利的。

　　說到展場的交通方面，因周遭平時的車流量不大，當地並沒有為展場規劃主要的使用道路，只有普通的兩線道而已。在早上進場及下午離場的尖峰時間，如果不提早進場或離場，常常會陷在車陣中半個多小時；尤其是這次展出結束時間延後到六點，回到旅館再出去用餐，已經是晚上八點了，這一點是需要檢討的地方。

　　按照往例，精心彙整了這次展會與客戶會談後的記錄，作為後續追蹤及與其他相關部門檢討研究之依據。

1 展場人員的服裝輕鬆休閒
2 裝扮酷炫的展場人員
3 精采的自行車表演

▄▘ 3.2　美國商展特色 ▄▘

泱泱大國

　　由於幅員遼闊，地方大、州別多、所得高、稅制不一、採購數量大，但是價格很差，客訴機會高。有人的事業因這個市場而起，最後卻也因它而滅，真可謂「成也蕭何、敗也蕭何」。多數的出口商，對這個市場既愛又怕，強權國家如美國，一直影響國際經濟的脈動，到目前為止，美金還是國際貿易市場上，最主要的交易貨幣。

» 地大物博的美國，很適合戶外辦展覽

» 這麼大型的展品，非得戶外展示不可

展覽規模及客源

　　囿於地理位置及採購習性，國際買主較歐洲展少，買主大多是來自當地或鄰近的加拿大、中南美洲等國家，日本及歐洲買主少。地區性的展覽會很多，展覽規模小，以巡迴展出方式，在不同的城鎮，一路延續展出，除非要開發該特定地區的市場，否則我國廠商，很少會參加這類展覽。不過，

» 真正重量級的大買主也可能隱身其中

一些當地買主的購買實力不容小覷,很多大買主會隱身其中。會來看展的買主大都是具採購權力的老闆或主管,下單機率很高,但要承接這種無法自己進口的當地買主生意,會比較麻煩,如果賣方在當地無分公司,就必須做到貿易條件 DDP 或 DDU 才行,因此,一般仍傾向參加具知名度的國際大展,例如芝加哥工具機展(IMTS)、全美五金展(NHS)、拉斯維加斯的電腦展(COMDEX FALL)等國際大展。

展覽特點

展場氣氛輕鬆,較少設洽談室,大型的展商甚至在展會現場舉辦餐會,一邊用餐、一邊談生意,除了增進合作夥伴情誼,也活絡現場氣氛。世界級

» 氣氛輕鬆的展場,較少設洽談室

大展則較易接觸到大型進
口採購商及連鎖店客戶，
美國市場重視分工，各司
其職，常見由大進口商負
責採購，再轉賣給代理商
或經銷商，少有小型進口
商。

» 性感迷人的展場接待人員

如何進入美國市場

　　進入美國市場的路徑，也就是所謂的銷售管道，通常必須
透過中間商居中牽線，尤其要跟大型連鎖店做生意，這更是不
可或缺的路徑。因此，必定會有佣金問題存在，洽商前宜先問
清楚。現場報價時，也要先清楚詢問對方的層級，以免報錯
價，打壞市場行情。由於美國人凡事喜歡 DIY，因此，消費產
品設計成 DIY 方式，或跟 DIY 相關之工具或產品，較容易打
入美國市場。

　　如果主要目標是北美地區（美國、加拿大、墨西哥等），
其實可考慮參加美國的國內展，因為地方性展覽，來看展的人
往往都是採購人員，所以成交機率會比國際展還高，惟要注意
的是，當地買主可能無法自行進口，出口商可考慮在美國當地
設立分公司或發貨倉庫，就可解決此問題。

產品認證嚴格

　　某些產品會要求結構測試，例如家具等，連鎖店或郵購商會要求產品試摔測試，加上 911 恐怖攻擊之後，大部分的進口商會要求檢驗工廠（Factory Audit）或 SGS 驗貨報告、供應鏈安全管理，即海關－商貿反恐佈聯盟（Customs-Trade Partnership Against Terrorism; C-TPAT）。

注重智慧財產權

　　美國人民法治觀念先進、守法、相當注重智慧財產權，對於打擊仿冒案不遺餘力。機場派遣稽查小組在各展場巡邏稽查，一查獲仿冒，立即提告，絕不手軟，查緝的觸角遍及世界各地，美國人好興訟舉世聞名，索賠的金額不乏天價，各賣家切勿以身試法。

» 展場入口

參展花絮

賭城商機 Las Vegas ——新鮮人出差記

美國拉斯維加斯國際動力傳動博覽會（IFPE）

作者：Ivy Chen

2008 年初春，懷著既興奮又緊張的心情踏上旅程，也是我首次見識到傳說中的 Sin City-Las Vegas。在進貿易業之前，對 Las Vegas 的印象一直是豪華賭場、酒店、Pub、Shopping Mall、數不完的霓虹燈，還有就是全世界可以最快速結婚的地方。

這次參加的是 IFPE 2008 & CONEXPO - CON/AGG 2008，我們公司的產品屬於 IFPE 2008 展會的部分，IFPE 是室內展（面積 174,652 平方公尺），主要都是零件類的產品。CONEXPO-CON/AGG 大部分都是室外展（約 17.5 公頃），展出的全部是成品：大型的車輛和機械。

布展當天，我們起個大早去會場（日光節約，整整少睡 1 個小時），從來不知道「大」這個字的定義，可以被發揮得這麼淋漓盡致，展場內四處巨大的展品林立，只花一個早上的時間，我們就將展品定位妥當。下午跟隨老闆四處逛逛，美國的 outlet 真是個會讓人失心瘋的地方，充斥著各式各樣的名牌折扣商品，接著還逛了當地著名的飯店，像是 Venetian、Treasure Island……等，晚餐就在飯店內的餐廳享受豐盛的大餐！只是又再一次地被「大」這個字給嚇到了！本來盤算著，既然是老闆買單，就點客沙朗牛排（Sirloin Steak）好好犒賞自己，一看菜單不得了，最小的 Sirloin Steak 是 16 盎司再加上 12 盎司的菲力牛排（Fillet Steak），於是立刻改點了 8 盎司的 Fillet Steak。其實菜單上最大的牛排是 42 盎司，有實力的人不妨來挑戰看看。

應主辦單位要求，需提前一天布展，因此，開展前多了

» 壯麗的大峽谷

一天可觀光，導遊安排我們去參觀世界七大奇景之一的「大峽谷」（Grand Canyon）！從內華達州到亞利桑那州，花了好幾個鐘頭的車程，才到了大峽谷的入口。不愧是國家公園，景色真是宏偉壯觀，大峽谷目前人氣最旺的就是 Sky Walk（天空步道）。只要花 32 美元的門票，就可以不限時間地在上面待個過癮，唯獨不能帶相機是憾事。Sky Walk 沒有想像中的長，只是沿著懸崖延伸出去一些。不過難得來一趟，還是要上去試試膽量，才不虛此行。

3 月 11 日正式展開為期五天的展覽，這次參展的廠商約有 2,000 家，一開展整個會場就擠滿了人，參加展會最重要的目的是推廣產品，還有就是蒐集資訊。身為小助理的我，最主要的工作就是「顧攤」、推廣展品，目錄就是我的聖經，每天捧著它站在展位前努力地解說推廣產品。

進軍美國市場並不容易，地方大，客源散。以我們的產品為例，如要打入美國市場，必須提供客製化服務，按照客戶要求去量身訂製其所需要的產品，一般的規格品，他們沒有興趣，所以這次的展會上，對於所有客戶的要求，我們都是採取會後再回覆的方式，因為客製化的細節還需經過詳細

的評估，才能給確切的答覆。

來 Las Vegas 展場參觀者，多數都是當地的美國人，出國前，我問過老闆，穿著是否要很正式？他笑答：「不用啦！美國人看展都很隨性的，衣著輕鬆隨性，即便穿 T 恤、牛仔褲也可以。」當時信以為真，僅帶了兩套套裝，結果老闆只說對了一半，美國人看展真的很隨性，短褲、夾腳拖鞋再拎一瓶啤酒就進來看展了，然而同團一起去參展的人都穿得很正式，連我老闆都穿西裝，我怎麼可以衣著隨性呢？就這樣，那幾天用僅有的兩套套裝打天下，幸好沒出糗。

展會的時間是朝九晚五，所以每天展場一結束，如果沒有應酬的話，就可以自由行動了。在 Las Vegas，除了美麗的夜景之外，就只能看秀、賭博、Shopping、Clubbing 了。基本上我沒有偏財運，也看不懂要怎麼賭，所以賭博不適合我，加上隔天一大早就要上班，喝醉了誤事很麻煩；Clubbing 也沒辦法去；至於看秀嘛！想看的秀都花費不起，也得放棄，最後只剩 Shopping 了，下了展場就約幾個朋友到處逛逛！老闆說我

» 幾可亂真的凱旋門

很幸運，第一次出差就到 Las Vegas，如果是參加漢諾威展，應該會無聊透頂吧！

某個晚上和一位德國客戶相約共進晚餐，他是我們公司最大的客戶。各位千萬不要心有成見，以

» 唯妙唯肖的威尼斯廣場

為德國人一板一眼或很嚴肅,這個德國客戶超可愛的,當我們相約在 Venetian 裡的義大利餐廳吃飯,因為離訂位時間還有半個小時,我們就先去逛逛,他笑說白天在展場忙著洽商,老婆則卯起來逛 Shopping Mall,他很快就會變成貧窮一族,還想盡辦法設計我的老闆買禮物給我呢!

很快地,展期結束了,展會的最後一天幾乎沒什麼人,在老闆一聲令下,我們開始打包,這時候就覺得,破壞比建設容易,當初拆箱的時候三兩下就 OK,現在卻要一件件裝回去,才發覺困難重重。此時同團的其他廠商發生狀況,開展

前，他們將要復運的木箱寄放在主辦單位的倉庫裡，最後才發現箱子不見了，經驗老到的老闆就說：「這種展會，如果箱子不大千萬不要寄放，否則不但要等很久才能打包，更慘的就像這樣箱子被弄丟了，跟主辦單位抗議也沒有用！」我想，這就是付學費得經驗吧！

從 Las Vegas 回到 LA，整團還賺到了一天的 City Tour。

» 在什麼都大的美國，這麼大的展品
也不足為奇了！

旋風式地抵達 Hollywood，看了星光大道、吃晚餐，隨後就直奔 LA 機場！美國自從 911 後，入出境都更加嚴密。整團入境時，就花了 2 個小時排隊、捺指紋，外加掃描視網膜；出境時更誇張，花了快 3 個小時排隊安檢，到後來人已經呈現恍神狀態，原來美國海關在防恐態度上，是如此嚴格。

» 算一算，一雙鞋要價將近臺幣 1 萬元哩！

參展花絮

金磚四國之奇蹟──巴西

FENAVEM 巴西聖保羅國際家具展

地點：Pavilhao de Exposicoes do Anhembi

日期：2007/08/06～10

作者：Sophy Lee

　　巴西給人的印象，好像就只有嘉年華會跟足球，是一個休假日多到令臺灣人羨慕的國家，但在親自到訪後，發現巴西是塊值得開發、頗具潛力的市場。

　　這次參與國際性的 FENAVEM 巴西家具展，但 70% 的廠商是巴西當地的公司，僅有 30% 來自其他國家，顯示該市場仍有許多的成長空間，但在這個看似寬廣的商機中，到底潛藏多少不可知的危機，值得深思。

1. 氣候：位處南半球的巴西，氣候與位於北半球的臺灣剛好相反，7～9 月剛好是當地的冬天，熱帶雨林氣候雨水豐沛，即使是冬天氣溫也不會很低，冬天約 15 度的溫度，讓身處亞熱帶的臺灣人也能適應。

2. 交通：巴西的面積很大，人口約一億七千萬，人口居南美洲之冠，內需龐大；若通路鋪陳完整可延續至其他南美國家；南美洲各國之間有優惠稅率約定，因此，有臺商在巴西設立公司除供應內銷外，還藉由南美優惠稅率而銷售至其他南美各國，以增加許多客源。

3. 建設：巴西政府近年積極建設特定產業專區，吸引外資，如首都巴西利亞（Brasilia）的學術人文專區與科技專區，科技與學術人文結合可培養出優秀的人才；另外，也提供優惠稅制來吸引增加外資投資的意願，如土地優惠、應繳稅款分期繳納等。

4. 治安：透過當地臺商，了解到目前巴西的治安並不好，當街搶劫、槍殺時有所聞，曾有警察目睹臺商被搶，卻置之不理；因此，在巴西各個公司、商店便會聘請私人

保鑣。當地的一位臺商說，他曾經開車在路上等紅綠燈時，就被搶匪持槍威脅交出身上的財物，若不乖乖給錢可會挨子彈的。

5. 買主：巴西當地的買主有 95% 使用葡萄牙語（巴西的官方語言），僅有 5% 的買主會說英文，因此，語言是前進巴西的第一大障礙。參展期間，廠商聘請了一位當地的華人當翻譯，才能避免雞同鴨講的情形發生。展覽期間，有許多蒞臨攤位的買主都很喜歡我們的產品，但是其中有不少買主都是無法進口的小型公司，而有能力進口的買主，其公司規模稍大，卻會用較大的需求量來要求一些幾近不合理的價格，因此，想要爭取到訂單，恐怕還需要些努力呢！

大概是拉丁美洲人的民族性使然，生活步調緩慢，工作效率不佳，加上慣有的樂天浪漫，與他們共事，會有「They always say yes, but never say when」的感覺，真令人啼笑皆非。

6. 消費：巴西當地的稅制名目眾多，稅率也高，一般廠商的基本進口稅最少 80%，有些產品稅率更高達 200%，稅率之高令人瞠目結舌。利用布展後

» 難得遇到英語流利的買主，親自上場，得好好把握良機！

的空檔，逛了當地的賣場，一雙球鞋竟然要賣 1 萬多臺幣，所以有很多商品都是採分期付款。因為高稅率致使商品高單價，臺灣製造的產品品質佳及價格合理，若能以合理的方式降低稅率，其商機是樂觀且可預期的。

7. 環境：石油能源日益減少，替代能源是未來可行之路，巴西政府有鑒於此，因而積極研發生質能源，利用玉米等無汙染的經濟作物來研發替代能源；工業方面也致力研發生質能源與一般石油雙用的汽車引擎；據官方表示，截至目前的研發狀況是指日可待的，低汙染的替代能源若真能問世，對整體環境來說，實為一大助益。

3.3 日本商展特色

日本展之優勢

　　承襲日本人嚴謹周詳的處理事情方式，日本商展喜歡結合眾多協辦單位一起辦展，展場設備先進，力求讓展覽會臻善盡美，且交通便捷，買主須經過一段時間（1～3年）的仔細評估，才會考慮合作，鮮少在展場當場下單。也因地窄人稠，資訊來源透明、傳遞快速，市場更趨競爭激烈，形成日本買主慣有的特性如下：

1. 重視人際關係：透過其信賴的第三者引薦，日本客戶較易接受，日後的交易事項，如果此引薦人跟他有交易關係，通常要與對方交易時也會透過第三者進行，謹守分際，並不會過河拆橋。

» 日本人的體貼，展場連外通道便捷

2. 喜好長期合作：儘管日本人挑剔、嚴選合作對象，一旦建立起合作關係，

» 休息區備有罐裝茶，任來賓自取享用

並不容易更改合作夥伴，算是先苦後甘的交易模式。

3. 完美品質要求：初次與日本客戶合作的廠商，往往會被對方近乎嚴苛的品質要求嚇到，不過若能克服，往後的產品品質及技術會因此提升不少。

4. 嚴守交易原則：日本人生性謹慎保守，對於交易的細節，如新對象選擇下單及數量決策、交易條件等，需花時間思考，一旦確定，也須嚴加遵守，無論律己及待人都一樣嚴謹。

» 美食令人垂涎三尺

» 日本人重視包裝，最愛精美的產品

消費習慣

日本市場基本上還是個消費國，由於日本人注重養生，普遍長壽，酷愛美食，所以，多年來食品展在當地一直是熱門大展。因地窄人稠，空間狹小，因此喜歡輕薄短小質佳的產品，像東京禮品展的商品，就讓喜愛細緻精美禮品的日本人愛不釋手，展況年年創佳績，部分參展廠商甚至在現場銷售一些像是珍珠項鍊、磁石手環等的小東西，令眾人瘋狂搶購，使得參展廠商荷包滿滿。

展覽特點

1. 喜歡在現場作問卷調查，藉以蒐集名片。尤其是禮數周到的日本人，通常會在參觀者填完問卷後，贈送精美禮品當謝禮。

» 日文翻譯加專業表演，現場搶搶滾

2. 在日本的展場上，常見參展商委請專業人員現場表演，讓參觀者充分了解產品的特性，增加產品的說服力，將展覽會定位為介紹產品的發表會，並不急於現場成交。

» 為了讓來賓看得更清楚，還架上螢幕

3. 由於許多日方的參觀者不諳英文，外國參展廠商通常需要請一位日文翻譯在現場協助溝通，展覽會場重視攤位裝潢的質感。

未來展覽的趨勢

日本市場，一直吸引外國廠商來參展招攬，展覽國際化趨勢逐年增加，然而外國廠商仍以亞洲廠商居多，歐美廠商較

少，可能是地緣關係和消費習性之差異。之前日本跟中國合作密切，進口多數產品，惟近年來中國製產品屢出問題，因此跟健康攸關的食品，目前日本大多轉向其他國家採購，尤其是臺灣製產品，頗受日方青睞，值得臺灣食品業一起努力再創佳績。

» 紐西蘭館的毛利人熱舞表演

參展花絮

東瀛拓銷寫真——日本美食展記趣

2009 東京國際食品展

（FOODEX JAPAN 2009）

地點：幕張國際展覽館

日期：2009/03/03～06

作者：Monica Lee

在過去多次的展覽經驗中，從未曾像這一次那麼特殊、那麼令人回味無窮，即便是參展次數頻繁，對第一次參加的食品展依然感到新奇而期待，因為這是趟美食之旅，讓酷愛美食的我，簡直如魚得水，開心極了，心想：要是每次的參展都這麼有趣，該有多好啊！

按原先計畫會和我一起前往參展的廠商，臨時有急事，無法出國，演變到最後，由我獨自一人前往參展。這可是難得的經驗，其實心裡也想知道究竟自己能否勝任，會不會出啥狀況？這麼珍貴的經驗，不但不必花錢，還可賺錢，還有什麼比這個更好的事呢？

我懷著這樣的心情出發了。但一開始就狀況連連，由於出發前過於忙碌，未留心日本的氣溫，到了日本才發覺居然是個位數的低溫，原本想買暖暖包度過難關，幸好同團的團員多了一件大衣借給我，否則就要穿著單薄的衣著發抖！第二天到展館才發現，攤位設計實際上跟圖面差距頗大，裝潢承架位置有誤，以致無法貼海報，東西也有短缺，雖然是一個人布展，廠商在臺灣遙控幫忙，請求現場其他團員的協助，很快地解決問題了，也順利完成攤位布置，這算是個好的開始。還有時間，就跟大夥兒到新宿逛逛走走吧，順便觀察當地商店，做一下市調。

這個展跟之前所參加的展很不同的一點是，展出時間很短，一天只有七個小時（10:00～17:00）。由於是孤軍奮鬥，開展首日，不到九點我就進入展場準備待命，各國展商也都紛紛提早入場，暖場的表演相繼出籠，有紐西蘭館的毛利人傳統

舞表演、墨西哥館的拉丁歌舞表演、日本的辣妹團熱舞，令人目不暇給，為精采有趣為期四天的美食展揭開了序幕。

» 日本館給訪客一大碗試吃，真是大器！

跟其他工業展相比，食品展多了輕鬆及趣味。此展共八大館，每一館分門別類，來自全球的各種美食及促銷活動，讓參觀者不停地試吃、試喝。印象最深刻的是日本館，提供各種頗具份量的試吃美食，往往才逛一下子，就已經飽了。不但味覺滿足，視覺也相當享受，各

» 日本館慣用填問卷送贈品，招來人潮兼市調！

式各樣的促銷活動，尤其是以男性訪客居多的，就安排酒促辣妹加上香醇美酒，或許有很多人早忘了自身的任務，先乾再說；歐洲各國的酒區，以紅酒為大宗，女性訪客居多，則安排歐洲帥哥親臨促銷。

在日本展，英文實在派不上用場，幸好廠商安排當地日本朋友充當翻譯，解決有口難言的窘境。我推廣的蔬菜薄片，不但符合日本人吃得安心又健康的訴求，且品質精緻，整體形象優良，反應頗佳，令我信心十足。日本人試吃時，儀態優雅，

» 日本館的酒促，味覺及視覺一次到位！

» 一邊試酒一邊看簡介，頗具效率！

» 臺灣館的水果布偶加辣妹促銷，真的拚了喔！

適量淺嚐，吃完後通常還會說「喔咿系」讚美一下，很注重禮節。不過，有些女生驚喜的音調，就像日本美食節目的女星一樣，誇張到不行，我去日本館試吃時，也如法炮製，令對方誤以為我是同胞，對我哇啦哇啦說一堆日文，我則無言以對，真糗！

臺灣館的參展廠商，秉持著慣有的打拚精神，各家無不卯足勁努力拓銷。由於臺灣食品業的品質及信譽備受日方肯定，因此臺灣館在這次參展，大放異彩，各家廠商都大有收穫，個個眉開眼笑。反觀對岸的競爭對手——中國館，受累於 2008 年毒牛奶、假食品的負面新聞，整館冷冷清清，不但沒什麼人去試吃，連進入

參觀都意興闌珊，可見食品信譽相當重要，中國食品這一傷，恐怕不是短期可令消費者遺忘的，需要長時間努力再建立商譽，值得我方引以為戒。

為了不負使命，在最後一天來趟展場巡禮，主動出擊，帶著樣品、目錄到展場尋求可能的對象，同時試吃美食，順便蒐集相關的資訊。

結束當晚，和日本客戶驅車至著名的魚市場——築地，享用道地的日本美食。入口即化的生魚片，新鮮可口的海鮮，還喝上幾瓶溫熱的清酒，日本客戶一直嚷著要喝成「巴旦 Q」（意即爛醉，一入家門就倒地的程度），酒足飯飽後回程途中，居然下雪了，3 月細雪讓我這個亞熱帶的土包子非常興奮，儘管一下子就停了，還是覺得好浪漫。此時東京的夜景美不勝收，遠眺東京鐵塔，還有臺場的巨大摩天輪，正在夜空裡發光，十分引人注目。

在日本的一星期中，天氣變化多端，不僅晴雨，連下雪都遇上了，這樣的天候讓許多人都感冒了，我也不例外。雖然嚴重的噴嚏及鼻水不斷令人困擾，不過一點都不影響胃口，回程途中，發覺臉都圓了一圈，看來返臺後必須立刻來個魔鬼瘦身計畫才是。

這此參展，儘管過程出現不少意外狀況，也令我耗費很多的精神及體力，但卻是個快樂的回憶。不但展出比預期成功，成果豐碩，令廠商滿意，我也學習到難能可貴的經驗。

3.4 中國商展特色

常造訪中國的人，可能每次造訪，都可感覺它變化得快速。尤其是城市的建築物，常常隔幾個月，就煥然一新，這都是拜近年來經濟突飛猛進之賜。儼然是全世界大工廠的中國，展覽會也隨之迅速崛起，成長驚人，不但展覽規模大、時間長，且辦展頻率密集。或許進步的速度太快，加上是新興市場辦理國際展覽的經驗不足，仍處於摸索的階段，過程中頻頻出錯，令人提心吊膽。

每一個開發中國家在發展成已開發國家的過程中，總是艱辛且漫長，免不了要經歷凡事「烏魯木齊」毫無章法的階段。中國的展覽現況正面臨這樣的窘境，羅列出下列幾個參加中國展必須注意的事項，避免額外困擾降低展覽之綜效。

眼見為憑

目前中國境內的展覽，仍以國內展居多，國際展較少。欲參展前，宜先前往看展評估，即便主辦單位信誓旦旦，宣稱該展是大型國際展，實際上可能只是個內銷展，唯有眼見為憑，觀看現場到訪者的人潮及國籍，方可判斷出是何種性質展覽，規模大小一看就明瞭，以免參錯展，勞民傷財。

上有政策、下有對策

大型的國際展覽，儘管都會限制特定的參觀者才可進入會場，但是整個展場依舊人山人海，擁擠不堪。展場秩序混亂，

需要排隊的場合硬是亂插隊，勸退不得「牛」得很。不過在某些場合，如果你按規矩排隊，反而很難排得到。唯一能做的就是依樣畫葫蘆，跟著插隊，先搶先贏。對於一個人治重於法治的國度，遇到不合理的事，態度必須強硬據理力爭，方有勝算。

熱門大展

　　著名且具規模的國際展，仿效美國展覽，每年均在各大都市（例如上海、北京、廣州等）輪流舉辦。這些大展通常一位難求，即使攤位費貴得嚇人，欲參展者還是多如過江之鯽，想盡辦法分租他人的攤位或登記候補參展。

　　中國的許多商展，在臺灣均沒有代理公司，要參展須跟當地的主辦單位直接報名，值得注意的是，攤位費可議價，尤其是一些規模較小或展覽歷史較新的商展，議價的空間則依展別、熱門程度有所不同。

» 展館設備日益進步，接近國際水平

展品容易失竊

展場的進出控管鬆緊不一，展品的失竊率高，下班時務必要收入櫃子鎖好，不要留在攤位上，以免不翼而飛。展品或禮品千萬勿放靠近走道的接待桌上，否則很容易被拿走。曾有食品業者在上海

» 飯店一家比一家豪華

參加食品展時，一個不注意，整盤試吃的樣品連同盤子一併被拿走。

攤位布置要提早

攤位布置，一般都是在展前一天，在中國最好提早一天，以防當天布置攤位時間太長，萬一超過大會規定時間，會被加收高額逾時布展的加班費用。另外，如果攤位裝潢出問題、缺設備或人力，可到現場找現成設備及臨時工補救，幸運的話，還可以撿便宜，價格可能是主辦單位的一半。不過這畢竟有風險，除非不得已還是盡量避免，採用此法時，要相當注意其品質，當地臨時工之多，國際展展場外也經常有舉著擅長各種語言招牌的翻譯員，伺機賺外快，形成有別於他展的特殊景象。

誠信問題

當地參展者的誠信問題一直備受質疑，喜歡削價競爭，

買主亂殺價,展商先給包山包海式的承諾,日後出不出得了貨、品質能不能確保,就不是他們所關心的。不守時更是陳規陋習,而買主要等吃了悶虧,才學得到教訓。曾有外國客戶這麼形容中國參

» 貓熊一直是大陸引以為傲的商標

展商「They always say ok, but never promise」。

令人頭痛的仿冒品

中國仿冒的問題層出不窮,令全世界頭痛,卻無計可施,他們大剌剌將幾可亂真的山寨版仿冒品現場展示,種類五花八門,儘管品質參差不齊,但對於原創者而言,仍是備受威脅。中國政府為了正本清源,提高國際聲譽,已採取多種打擊仿冒品的措施,不過仍需要時間來克服仿冒問題。

展場設施

展場的無線上網非常貴,所以若不迫切,應避免申請,以免荷包大失血。休息區通常必須消費(飲料或食物)才能入座,沒消費入座,服務員會趕人。當地的餐點通常過鹹且油,分量也驚人,點餐時要格外注意。

展品銷售的危機

會後出售展品要特別注意，很容易收到假鈔，收到鈔票除了驗防偽標誌，最保險的方式，還是將收取的現鈔在當地立即花完為上策。之前有位廠商一時不察在展場收到假鈔，返臺時在當地機場辦理簽證支付費用，被發覺使用假鈔，馬上被公安抓走，在牢裡關了三天才獲釋，真是無妄之災。

如何選展

儘管中國是熱門的市場，極具開發潛力，但也必須注意其低成本優勢不再。要搶當地內需市場，就必定要參展，然中國商展，如雨後春筍呈倍數成長，在選展方面更需用心。如果要找國際客戶，則得參加一線大展機會較多，可依三個區域別選展：華北區參加天津展、華中區參加上海展、華南區參加廣交會。目前邊陲貿易逐漸受重視，可兼顧中國內需及邊界國家市場。

參展注意事項

對中國市場不熟者，最好由臺灣公會或商會組團參加。攤位不必大、產品不需太多，參展合約訂清楚，有品牌或專利的展商，最好事先在中國申請註冊，避免日後有侵權的疑慮。總之，參展前置作業要周詳，以期做好萬全準備。

參展花絮

» 建築物櫛比鱗次，上海日益繁華

上海灘傳奇

中國國際家用紡織品及輔料博覽會

（China International Trade Fair for Home Textile and Accessories）

地點：上海新國際博覽中心

日期：2008/08/26～28

作者：Patty Chen

這是我生平第一次到上海，心中充滿了忐忑不安，因為對於當地的治安、人文水準，以及食物商品等，都還停留在黑心致癌商品、為了搶錢不擇手段、為了多賺一些錢可以誇大其辭，收到錢後又翻臉不認人這些負面新聞的印象中。

» 現今交通日益惡化，非尖峰時段，也擁擠不堪

我和經理一下飛機後，便在當地臺商朋友的幫忙下，直接到會場去布置，一到達會場門口，馬上有一堆大陸人圍著我們詢問需不需要推車、需不需要苦力、會場名冊、入場識別證、花、礦泉水、名片蒐集盒……等，應有盡有，真是讓我目瞪口呆。回到下榻的飯店已是晚上九點多，但經理才正要開始他的交際應酬，忍不住佩服他，而我已經疲累不堪，倒頭就睡。想要出國拚經濟，還需無比的體力及清晰的頭腦才行呢！

隔天開展後，我們提早到會場卻不得其門而入，因為奧運的關係須加強安檢，這次是準時九點開放廠商入內，要經過金屬探測器，以及 X-RAY 的機器掃瞄隨身物品，都沒問題才放行，也因此造成大塞車。這次的上海紡織展反應相當好，整個展場超過了十萬平方米，參展廠商超過 1,000 家以上，總共有九個館，區分為四大類，分別是 BEDDING、TOWELLING、UPHOLSTERY，以及 CURTAIN ZONE。受限於時間的關

係，也只能在我們參展的
領域 CURTAIN ZONE 到
處晃晃，探探別人的虛
實。許多大陸廠商的攤位
布置，規模大概都是我們
臺灣廠商的五倍以上，而
且裝潢手筆更是讓我大開
眼界，其中還有許多攤
位，個人覺得深具特色，
商品水準也很高，也令我
對這趟展覽能否如預期般
接到訂單備感壓力。

» 趁著布展時，先四處晃晃刺探軍情

這次的上海展是我跨
入國貿界第三次參展，不過因為是家飾布料的專業展，同時是
繼德國法蘭克福後，世界第二大的家飾布展覽，所以不管是來
參展的廠商還是來看展的買主，在專業及素質上，都較我之前
參加的綜合展優秀，至少走進攤位參觀的客人，我們很快可以
分辨出是否為潛在的買主。限於人手不足，我們的策略是，要
把全部的精神及時間用在有效的客戶上，由於目前鎖定的市場
不是大陸，所以我們竭盡全力瞄準國外客戶。

再來就是，我們會由客人的第一句話來判斷他是不是買
主，結果有趣的是，有 98% 的當地人第一句話就問「這多少
錢一米」（ONE METER），剛開始我們還會回覆，到後來真
的是不勝其擾。

　　出國參展也是跟同業交流建立關係的良好時機，身為業務的我當然不能放過這大好機會，可以參觀同業間的商品，多比較以了解自家商品的優缺點。不過，經理可是再三交代，對談要謹慎，如果不小心洩露機密，有心人士可是不會放過任何搶單賺錢的機會，特別是有些老闆或高階主管會去套菜鳥業務員的話。這次我聽到最有趣的八卦就是，某一家門面高級、攤位很大、氣勢如虹的大陸廠商，想必是相當具規模的公司，事實不然，根據同業傳來的小道消息，它只不過是一家僅有四臺織布機的公司罷了。我們這次同行的臺灣廠商，有一位家裡有十臺機器，也只租一個標準裝潢的攤位，相較於臺灣廠商的務實，大陸廠商則喜歡砸大錢充門面，卻不注重產品的品質，不免顯得本末倒置。

» 迷人的夜景，霎時會有身在歐洲的錯覺

　　上海市是一個國際化的城市，市容整齊乾淨，特別是一些商業區，先進、漂亮的商業大樓矗立其中，整個城市就像不夜城一樣充滿活力。站在充滿異國風味的外灘，看著對岸的上海經貿大樓及東方明珠塔，我認為這是上海人引以為傲的一個城市。不過很可惜的是，這一切可能只是表象而已。這幾天我們搭乘計程車穿梭在這城市，期間跟一位司機聊到這幾年上海的進步，司機大哥卻說：「那都是假的，老百姓的日子苦哈哈，外來的投機客把房價炒高，老百姓沒人買得起，吃穿都成問題了，更不用妄想買房……」看來 M 型社會的問題在中國更是嚴重。

　　司機先生還客氣地稱讚臺灣，也頗憂心中國目前經濟起飛，導致亂象叢生，看來這剛甦醒的亞洲巨龍仍有很大的進步空間。而自己對身為臺灣人著實感到驕傲，我親眼所見臺灣中小企業的生命活力正源源不絕地在國際間發光發亮。

3.5 香港商展特色

優異的地理位置

香港位居亞太地區之中心樞紐，同時也是通往中國內地之門戶，地理環境優越，經濟開放，奉行自由貿易及自由營商政策，經過百年來的發展，目前已成為全球知名的製造、貿易及服務中心。

先進、國際化的城市

曾是英國殖民地的香港，早期的官方語言以英語為主，民情相當西化，因此素以「東方之珠」名聞遐邇，早已晉升現代化都市之列，國際化的程度與先進國家齊名。舉辦國際展的經驗已相當成熟，與歐美國家並駕齊驅。對外陸、海、空交通便捷，對內火車、巴士、電車、地下鐵、渡輪一應俱全，先進的展館設施及完善的商旅飯店規劃，提供大部分的外國籍商旅人士免入境簽證之優惠待遇，儼然成為亞洲國際展覽重鎮之一。

用心的香港政府

香港政府頗具危機意識，企圖以辦展振興經濟。再者，主辦單位在宣傳廣告上用心的程度首屆一指，包括機場內外、快線、地下鐵、接駁巴士及計程車，不論是車站、交通工具或周邊的建築物，均可看到展覽的廣告。香港展給人鮮活積極的印象，就像九龍彌敦道上熙來攘往的人群一樣，熱絡且繁忙。

「走道攤位」，蔚為奇觀！

香港的某些國際展炙手可熱，一位難求。位居九龍的香港會議及展覽中心，熱門大展經常被展商塞爆，攤位嚴重不足，連展覽館內的電影院、餐廳、大廳都塞滿展覽攤位，更誇張的是，連走道都不放過，於是有了全世界最奇特的「走道攤位」，蔚為奇觀。限於攤位數不敷需求，要參加這種熱門大展，主辦單位還祭出「綁約參展」方案，意即熱門展和冷門展配套，參展廠商必須參加整套展計畫，不得擇優參展，此舉頗令參展者困擾，但又無可奈何，仍前仆後繼地爭相參加。

» 世界奇觀——走道攤位

優異的主辦單位

主辦單位提供完善的展覽設備及服務，例如免費託運行李及寄存、每日免費往來展場的交通服務，及展場飲品招待、商務無線上網區、法律諮詢室等貼心服務。另外，更為買主舉辦個別會面（Private Buyer Meeting），提供一些世界頂級之大買主可在展會

» 攤位不足，連大廳都被展商塞滿了

上，與預選參展商面對面接觸洽商的採購平臺，更可參加尋找與評估供應商、物流及新產品潮流等熱門議題的免費研討會。

產業領袖政策

主辦單位高層會親自拜訪及說服績優廠商參展，通常他們也是該產業的領袖，具指標意義，一旦他們參展，不但能夠提高該展展出質感及可看性，同時也可作為該展最佳宣傳，增加其他廠商參展的意願，可謂一舉數得。

香港展的危機

儘管香港近年來積極投入辦展，竭盡所能不斷地增加展覽的附加價值，卻仍敵不過中國展覽的磁吸效應，諸多大展已逐漸移往中國舉行，大有取代香港之勢，令香港展覽現況，備受威脅，岌岌可危。對於目前兩岸已開啟直航通商、通郵，旅客、貨運雙挫，令港府憂心不已，一旦兩岸直接合作關係鞏固及積習成俗後，香港被邊緣化之日恐不遠矣。

參展花絮

» 赤鱲角機場的啟用，讓香港如虎添翼

閃耀的東方之珠

(一) 禮品家用展（The Exhibition: Gifts & Home Products）

地點：亞洲國際博覽館 / 日期：2006/04/22～25

(二) 香港最大型寵物/水族用品及服務展（The Exhibition: The Largest Pet/Aqua Accessory & Service Expo in Hong Kong）

地點：亞洲國際博覽館 / 日期：2006/07/28～30

作者：Amy Wang

參加過不少地方的展覽，舉凡德國、美國、韓國、大陸等地，其中最耐人尋味的是附有「東方之珠」美名的香港。一個

» 交通便利，暢行無阻

擁有中西合璧文化的地方、一個所有高樓大廈都高聳入天的地方、一個夜晚霓虹閃爍的地方、一個適合享受美食及逛街觀光的地方，有了以上特色的加持，造就了香港的獨特風格與無可取代性。

» 寵物美容大賽，目光聚集的焦點

以地理位置來說，香港緊臨東南亞，地處太平洋與印度洋航運要衝，享有便捷的交通、無語言之障礙，及完備的生活機能，使香港無庸置疑地成為辦展的熱門選擇。多年來，香港的展覽事業已頗為完善，從每年所舉辦的無數國際展，及有效運用全方位媒體廣告宣傳，所累積的各種經驗不容小覷。從早期的觀展到後期的參

» 精美的寵物用品，令人嘆為觀止

展，可感受到香港的展覽規劃逐年地更具系統及野心。

從參加過的禮品展及寵物展的觀察，來自世界各國的買家人潮總是絡繹不絕。此外，展覽中的電子設備也相當完善，可享有免付費的無線上網，非常便利。

由於香港的展覽規劃頗具歐美水準，如從未參加國外展或是經費有限的廠商，建議可從香港所舉辦的展覽開始嘗試，不論是距離或展場的知名度，香港展都是一個適合磨練及累積經驗的好地方。另外，琳瑯滿目的香港展覽該如何挑選，除了多方面蒐集資料並打聽各家辦展公司的名聲，及參加說明會，建議對於不熟悉的展場，第一年最好安排「觀展」即可，先了解此展覽真正的狀況、客源多寡，及展覽規模等事項是否與預期相符。有了這些認知後，第二年再開始著手準備參展，否則貿然參加，有時會造成與期望不同、而花了大量的時間籌劃、人員安排及大筆金錢，可說是「賠了夫人又折兵」。另一方面，關於報價，盡量避免在現場就將詳細產品價格表給客戶，只需針對客戶有興趣的產品約略地報價給對方參考，等回國後，再整理一份正式的報價單給客戶，這樣可以避免產品價格在現場被用來當作比價標準。

展覽是一個最直接獲得新資訊的地方，不論是曝光公司的知名度，或是與買主做面對面的溝通，以了解真正的需求；同時也可以促進與同業間的交流等等，這些往往成為展覽中寶貴的收穫。近年來，香港雖然面臨大陸鄰近城市迅速擴增展覽設施所帶來的嚴峻威脅，但相信對於擁有多年專業辦展經驗、講效率、高知名度、重服務的香港會展而言，其城市定位及配套·措施，依然能克服難關。

▰ 3.6 中東商展特色 ▰

不喜歡直接跟賣方接洽的中東人！

　　中東以杜拜為主要展覽中心，看展者仍以無法自行進口的消費者居多，真正買主不多。由於市場屬性特殊，多數中東人習慣跟當地分公司或專業代理商交易，不喜歡直接跟賣方接洽。因此，要進入中東市場，在當地設立分公司，或找尋合適的代理商居間交易，絕對是必要的關鍵。

合法代理商的權利

　　UAE 代理合約有特殊規定，那就是大公國法令規定對代理商的保護頗為周密，其法令特殊之處為，雖然代理合約可以訂定期限，一旦簽訂代理合約後，通常需經法院公證手續，並在經濟暨商業部註冊登記。爾後，外國公司如欲更改代理商時，需經原代理商同意。此代理制度很奇特，最後往往演變成，前代理商有權向新代理商要求金錢賠償，且合約陷阱多，經常一簽合約便一直自動續約，簽約時宜多注意。

慎選交易對象

　　中東市場競爭激烈，宜慎選客戶，部分買主會利用手段，藉機要求賠償、降價，甚至愛說大話、畫大餅，勿在現場做任何承諾。生意接洽的過程中，須多方探聽其底細，並在往來的過程中，逐漸篩選不適合之客戶，與固定客戶維持長時間往來，較有保障。

債信問題不良

　　中東以沙漠地形居多，食衣住行均仰賴進口，儘管是個極具潛力的市場，但債信問題嚴重，接洽過程宜注意付款條件。例如故意在信用狀上設陷阱，造成瑕疵問題，目的是要求降價，甚至是直接拒付信用狀。中東人種繁多，素質參差不齊，應慎防詐騙集團惡意詐騙，接洽人員要多注意，勿只為接單，而忽略該注意的細節，因小失大。謹慎、寧缺勿濫是在開拓新興市場時，避免受挫的基本態度。

沙漠天候狀況

　　由於沙漠氣候終年炎熱，夏季氣溫更高達攝氏 50 度以上，室內外的溫差頗大，必須注意產品的抗候性，是否會因當地氣候褪色、變形甚至是損壞，像家具類、建材類及食品類等。當地人很注意建材產品是否會褪色的問題，安裝技術及服務也是一大考量。為了因應當地中午酷熱，配合當地人的作息，先前杜拜展每天分兩段展出，早上十點到下午二點，中間休息三小時，再由五點展到晚上九點，時間拖得很長，頗令參展者吃不消，目前已逐漸改全段式展出，遇到齋戒日，展出的時間則改為傍晚五點到晚上十點。

消費水平

　　以七星級帆船飯店聞名的杜拜，豪宅、華廈不可勝數，並砸大錢請巨星行銷，各國媒體爭相報導，其奢華多金，看似「錢」途無量，實則舉債過多，也令世人憂心它會是下一個

» 浪漫豪華的朱美古城拉飯店（Madinat Jumeirah）

冰島，因遭受金融風暴而破產。儘管當地行銷城市的口號是「Dubai - Do Buy」，看似消費能力強，但當地 M 型消費趨勢相當明顯，富人仍習慣購買歐美製品，平民百姓則酷愛大陸及印度廉價製品，而品質佳、價格合理的臺灣製品，要打入這個市場，將會是一場需要時間經營的硬仗。

注意展覽季節

　　中東人大多數信奉回教，每到齋戒月，多數人忙著宗教活動，無暇看展；盛夏時節天氣又炎熱異常，會影響外國客戶參觀的意願；再者，回教的新年跟西洋新年並不相同，且過年假期長，宜清楚何時放年假，盡可能避開上述這些情況前往參展或拜訪，以免徒勞無功，白忙一場。

潛在風險

　　中東地區許多國家，因為實施高關稅，存有關稅障礙，某些國家或因人口市場規模太小，不利直接進口，因此都必須經由杜拜轉運，偏偏中東地區內部充滿根深蒂固的宗教、種族、領土及政治等紛爭，此地區一直是世界的火藥庫之一，戰亂頻繁，船期常受戰亂影響變得不確定，也因此運費、保費常受戰亂影響而調高，進口成本驟增，經常影響買主採購意願，不是猛殺價就是下訂單卻不履約，值得留意的是，中東地區除了產油之油元國外，其他國家外債龐大，交易時更需特別注意履約、付款。

市場潛力

　　中東地區是目前熱門的新興市場，經濟穩定成長，儘管經濟隸屬於開發中國家，但兼具開發潛力及採購實力。六大油元國─阿聯大公國、沙烏地阿拉伯、科威特、卡達、阿曼及巴林等國財力雄厚，是值得開發及期待的新興市場。

參展花絮

» 遇上齋戒日，晚上才開展

異軍突起的中東

2007 杜拜國際家具燈飾及裝潢設計展

（INDEX DUBAI）剪影

地點：杜拜國際展覽中心

日期：2007/11/01～05

作者：Monica Lee

　　以一間七星級「帆船飯店」成為舉世矚目焦點的杜拜，是阿聯大公國酋長國中的一小城邦，並非只是個靠著「黑金」發跡的暴發戶，親自到訪此地後，便會扭轉既定的刻板印象。

　　為了趕上這一波杜拜的建設熱潮，應合作廠商之邀，參加了 2007 年 11 月的 INDEX 展，懷著期待又任重道遠的心前往杜拜。儘管是當天凌晨抵達杜拜機場，但是熱絡的人群魚貫地走出機場，寧靜的街道中夾雜著閃爍的霓虹燈，令人印象深刻。或許再過不久，熱鬧的不夜城，會取代回教嚴肅的夜空。

　　這是一次艱辛的戰役，面對一個極具潛力卻陌生的市場，詭譎多變的交易習慣、龐大的工作量，連一向被廠商譽為參展達人的我，都不免小心翼翼，全程戰戰兢兢，儘管如此，卻是一次難忘的回憶。

「九蒸九曬」的天氣

　　沙漠的氣候四季如夏，盛夏時的氣溫更高達 50 度以上，儘管時值深秋，但白天戶外的氣溫仍高達 40 幾度，而室內的冷氣則只有 20 幾度，想必這是為了因應穿著披被掛褂的中東人需求。而我們這些衣著單薄的外國人，頻繁進出展場，就像提煉中藥丹方之「九蒸九曬」，在忽冷忽熱之間，加上展覽時間長、壓力大，團員們紛紛不支倒下，掛病號，而身負重責大任的我，除了靠意志力支撐，似乎沒有倒下去的權利。

交通運輸的速度趕不上展覽的熱度

　　隨著逐年的展覽熱潮，交通狀況日益惡化，興建中的捷運，雖日以繼夜加速趕工，但仍是緩不濟急，展覽期間，展館

» 公共運輸系統不發達，計程車很搶手

» 世界第一的杜拜塔努力趕工

» 整個杜拜成了大工地，陷入瘋狂建設中

附近交通之紊亂，令人驚心。記得第一天布展結束後，光是攔計程車，就枯等了一個半小時，最後只好委請飯店叫車資貴上一倍的合約計程車，才讓疲憊不堪的我們結束等車惡夢。展期中的交通狀況更是惡劣，其中一天還遇上星期五齋戒日，傍晚五點才開展，晚上十點結束，輾轉回到飯店已經是凌晨了。

瘋狂大建設

企圖成為世界第一的杜拜，整個城市幾乎陷入瘋狂的大建設之中，隨處可見正在施工中的巨大建築物，連舉世矚目的世界最高大樓「杜拜塔」也正焚膏繼晷，不停地增加高度。此外，興建中計畫成為全球最大的新機場——

傑貝阿里機場將連接全球最大的阿里港，海空聯運，一站式運籌令人期待，若再加上成功地結合自由貿易區之後，杜拜將成為全球最受矚目，功能超強的物流平臺。目前當地的營造廠及建築工奇缺無比，儘管不斷地引進眾多海外專業人士，但似乎仍不敷市場日以遽增之需求。

沙漠變綠地

很懂得行銷的杜拜，深知有一天「黑金」終會枯竭，因此正積極發展觀光拚經濟，為將來鋪路。土地不夠就填海造地；天候不佳就設法改變天氣，聽取專家建議，在一毛不長的沙漠中，大量植栽、種樹，遍地花草甚至比臺灣茂盛，最令我訝異的是，居然還看得到極需水分的柳樹。這片欣欣向榮的綠洲，不僅是砸下大錢所建立的，更是特別用心呵護而來，綠化的成果，終於讓全年少雨的杜拜，竟也開始下起幾天的傾盆大雨，令人感動莫名！

» 環境綠化非常成功，完全看不出是沙漠

杜拜熱潮

由於杜拜是中東最大的貿易中心，超過八成以上的進口貨物會轉口到鄰

» 綠意盎然，花木扶疏的新市鎮

近國家，加上近年來掀起一股杜拜熱潮，年經濟成長率快速驟增，令人難以置信。跟建設有關的展覽，都夯到不行，國際展覽中心有世界級的設施，位於城中心的優勢，在在吸引全世界各地的商人參與盛會，視這裡為新興市場中的重點戰場，展覽時間也從早期的兩段式展覽（中午休展 3 小時），改為正常一段式，對參展商而言，輕鬆許多。

大概是我們第一次參展，感覺整個展覽會中，真正會下單的買主不多。由於此展是以家具、燈飾及室內裝潢為主題，儘管多數的參觀者只是裝潢設計師或零售店家，仍不容小覷。

» 難纏的中東客戶，挑剔又愛殺價！

只要看中我們的產品，就會尋找進口商來跟我們採購。由消費者逆向行銷也是很好的主意，我不斷地鼓勵廠商，著實不必氣餒，開發一個新市場，總是需要時間。

只不過中東客戶不脫慣有的習性，不但愛說大話且信用不佳，畫大餅、猛殺價，有些令人洩氣。幸好我們優異的玻璃展品配合亮麗攤位裝潢，竟吸引了負責「杜拜塔」室內裝潢公司的青睞，前來洽

» 杜拜塔的裝潢公司來洽談採購事宜，令人戰戰兢兢！

談，令團員們軍心大振，先不管是不是虛晃一招，這畢竟是個「Good Sign」，值得期待。

Dubai, Do Buy

儘管這個城市著名的口號——「Dubai, Do Buy」，並不適用每個人，日益高漲的消費指數，令這個 85% 都是外國人的城市，有著極端的消費習慣。富有的顯貴們對於高價的物品仍是一擲千金，面不改色。遺憾的是，他們習慣購買歐洲製品，一般平民百姓及弱勢族群則酷愛大陸及印度廉價製品，而品質佳又價格合理的臺灣製品，要打入這個市場，則需要相當的時間，欲改變原有市場的消費習慣，除了努力還要無比的毅力。

後記

杜拜政府在 2009 年 11 月 25 日，要求債權銀行對近六百億美元的債務展延半年，一時引發全球股災。神話的破滅其實早已有跡可循，早在 2008 年底，新聞週刊就以「杜拜的派對結束了嗎？」聳動標題顯現玩太大的結果，讓其經濟裂痕急速惡化。

杜拜在近年來急速擴充，不斷地推陳出新創造話題，引來全世界的熱錢挹注。也因為舉債過度，加上金融海嘯所引發全球性經濟蕭條的影響下，大興土木的摩天大樓被迫逐一停工，外勞被資遣返國，房地產逐漸泡沫化，外資退出，債信危機一觸即發。2007 年全球必修的杜拜學幾成「杜敗學」，儘管危機暫時解除了，此失敗的經驗，仍值得引以為戒，而後續發展令全世界矚目，因其運動了全球經濟之脈動，不得輕忽。

4

展覽各階段策劃時程 ─────

▞ 4.1　參展評估及籌劃 ▚

　　這是籌劃參展的首要階段,約在展前一年前進行,尤其是初次參展的廠商,做好下列的評估及準備,才是事半功倍的最佳策略。

設定參展目標

　　一般企業參展的主要目的,無非是維繫舊客戶情感、接單、找新客戶,也有企業不同於上述目的,以觀摩產業、企業品牌廣告、蒐集商情等為目標,參展目標務必明確,參展績效才會顯著。

外部環境及企業內部分析

　　大環境經濟狀況、該產業未來發展的趨勢、有無前瞻性,

在在影響企業參展的意願，若已是夕陽產業，競爭對手又紛紛棄展，勢必要調整參展方向，加上內部的產品研發、品質控管、行銷能力，及售後服務能否達到國際化企業水準，參展後接單服務國外客戶能夠零障礙，都是很重要的評估，否則投資大、效益小，更加速夕陽產業惡化。

決定年度參展展別計畫

蒐集各展會資料，包括：展覽會性質、展覽主題、展覽歷史、規模大小、日期、參觀者，及參加者的詳細資料，進而決定年度預定參加的展覽、預計各展的攤位數量後，再向主辦單位提出參展預定申請。

研擬展品開發計畫

針對每個展覽的區域及展出主題、買主的採購屬性計畫研發適合的展品，像歐洲、美國、日本及亞洲的客戶，採購風格及習慣都不一樣，必須個別推出因應的展品。另外，有些公司的產品行業別界線不明顯，同時可跨數個領域，在參展時，準備展品容易出錯，必須特別注意。

製作參展企劃

詳盡的參展企劃，包括：參展目標、展覽會的資訊、各階段的參展規劃、展覽行銷計畫、預算等。

.▪. 4.2 報名參展手續 .▪.

接下來，第二階段就是，在開展半年前完成報名手續，包括：填妥報名表、注意繳費期限、確實繳費以確定完成報名，務必詳閱大會參展手冊內所有的規定事項。

確定展位面積及費用

標準攤位、空地等級不同，VIP 級的老客戶或訂購攤位數大者，可享有挑選展位位置的優先權。可先跟主辦單位取得展館的平面圖，找出入口處及各主要走道的位置，以此為選擇攤位的基礎，對於攤位選擇可參考下列重點：

» 主要走道上或右邊走道的攤位是較佳的選擇

1. 展館主要走道上的攤位，或是右邊走道的位置（根據調查，參觀者進入展場後習慣右轉）。

2. 靠近展館入口處或中心地區，尤其是大會舉辦一些展場相關活動時，都常

» 夾角攤位，容易吸引人潮

在這些地區舉辦，比較容易聚集人潮。

3. 夾角攤位，面向兩個走道，較引人注目及聚集人潮。

4. 跟隨該產業標竿，知名大廠隨時有眾多客戶來來往往，
　將攤位設在其附近，提高潛在客戶蒞臨攤位參觀的比
　率。

5. 盡量避免選取攤位區內有條柱或上方有阻礙物、格局太
　淺或太深、位置太偏遠的角落，以及鄰近太多競爭對手
　等攤位。

6. 此外入口處、鄰近主走道、人潮動線、飲食區、洗手間
　及休息區附近的攤位，都是人潮匯集的好選擇。

攤位的裝潢方式

標準裝潢

採用主辦單位標準制式裝潢通常比較簡單，只需在展示時
加租設備，例如展示櫃、層架、洞洞板、掛鉤、燈光、插座、
電視音響、桌椅、盆栽等。

一般參加集體參展的廠商，通常限於預算，大都傾向採
用主辦單位的統一發包製
作標準裝潢，如右圖的臺
灣形象館。缺點是攤位像
穿制服一樣，沒有創意，
尤其一些需藉由攤位裝潢
呈現美感的產品，會顯得
黯然失色。但好處是，不

» 臺灣形象館藉以吸引採購 MIT 產品的買主

79

» 即使是標準攤位也要搶眼亮麗

僅節省經費,而且整體形象館的設計,目標明顯便於買主找到參展廠商,讓目前許多傾向採購臺灣製產品的買主,一眼就可找到臺灣館洽商!為避免攤位過於單調,可擺放裝飾品,牆面再以燈光及大圖輸出的效果烘托,感覺便大不相同,惟掛圖要特別注意製作質感及顏色搭配,避免太過雜亂無章!

專業客製化設計裝潢

由參展者委託專業規劃展場設計,則須按照大會規定進

» 德國科隆 DIY 五金展

行。例如特殊展臺搭建：多層展臺、或面積大於規定、非委由主辦單位指定的裝潢公司承製者，務必事先跟主辦單位提出申請；例如展場的結構、設計圖及電力部分，必須預先傳給大會確認，獲得允

» 德國科隆 DIY 五金展

許之後再進行施工計畫，否則屆時很有可能被大會以安檢問題禁止搭建，後果不堪設想。另外，事先申請地毯的顏色須配合我方的裝潢，也要考慮是否必須租用其他家具或設備。

　　國外展的裝潢費用很高，尤其是採木工裝潢的費用，貴得嚇人。著名的大公司，為了企業形象，往往不吝砸大錢在攤位裝潢上，且細節講究，令人佩服。雄偉大器，不但引人注目，且將產品襯托得更具質感。以下列舉一些有特色的攤位裝潢以供參考，惟這類特殊的攤位裝潢，往往忽略標示攤位號碼，須格外注意，以免讓買主找不到。

強調企業形象的設計裝潢

　　除了攤位設計要符合企業整體形象外，視覺色系也須符合公司的 CIS 及品牌，整體外觀設計完全展現產品特色，易於辨識是生產什麼產品。高度開發新品的產業，為了營造產品機密不易窺探的氣氛，往往設計成封閉型攤位，須先在入口處篩選訪客，才可入內洽談，藉以過濾仿冒投機者。

攤位識別的設計裝潢

每次參展將攤位設計成同樣的裝潢，把它變成一個別具特色的識別標誌。例如家具展上，曾有一家中國臺商家具業者，其家具主要訴求為皇室御用級品質及唯美做工，不但以紫禁城為商標，更大手筆將攤位設計成紫禁城的外觀，且每次展覽都採用一樣的裝潢設計，在展場相當顯眼。該業主甚至為此申請專利，更在以舉辦國際家具超大型展銷會聞名的美國高點（Highpoint）蓋起外觀似紫禁城的展覽館，每年展出。

» 新加坡家具展——紫禁城

» 德國 Eurobike 展——豪華宮殿

歐美的展出者，通常較重視攤位裝潢，品牌業者為了讓品牌曝光，顯現企業的氣勢，經常花大筆的裝潢費，企圖讓企業以完美的形象出擊。

增加空間的設計裝潢

為了增加展示的空間及豪華氣派，可考慮設計成二樓高塔式的攤位，不但突顯參展廠商宏偉的氣勢，將展覽空間多

» 美國 Las Vegas 工程機械展

» 德國 DIY 五金展

元化。下層是開放展覽空間，供一般客戶瀏覽；上層是會客室，供重要客戶詳談及機密展品展示區。

不透過主辦單位，而要自行裝潢者，須先詢問主辦單位，因為有時候主辦單位跟大會有簽約，基於展場安全理由，或其他考量，會拒絕這類請求，展商在決定裝潢規劃前，宜先問清楚，以免中途受阻，擔誤展出進度。

自行設計展覽攤位

越來越多的參展者為求創新及符合企業形象或節省經費，紛紛自行規劃展覽攤位設計，也有許多免費的電腦軟體可應用如下：

(1) Floor planner

(2) Google Sketch Up

(3) Sweet Home 3D

產品陳列設計及布置安排

展品排列示意圖

　　展前應先繪製展品排列示意平面圖，以便展覽人員在展覽會場布置時，有所依據，不但布展效率佳，也避免遺漏展品排列。

展品數量恰當

　　產品應採重點擺設，千萬不要帶太多展品，除了難以呈現良好的陳列效果外，會後的展品處理更是一大問題。展品（含道具）所占總面積（含地面與牆面）之40%最佳，50%尚稱適當，超過60%則顯得太過擁擠不恰當。參展者初期總是會有個迷思，就是好不容易來參展，所費不貲，更應該多帶些展品宣傳，讓買主大開眼界。但這樣一來，使得展示內容擁擠，令人眼花撩亂，龐大的展品，甚至會造成動線不良，影響客戶進入參觀的意願。而展品充斥的攤位，也無法配合一些海報掛圖，或現場展示的活動。甚至還有廠商帶太多展品，整個展覽期間，都費盡心思將所有展品賣光，而忽略了參展拓銷的主要任務，真是得不償失。

突顯展品的輔助道具

　　利用發光的道具，為展品製造亮點吸睛，惟此道具須訂做價格高，可考慮重複使用。例如臺灣意象圖形燈箱強調臺灣製品，效果一極棒，自行車零件展商利用LED燈箱展出齒輪，搶眼突出，也可將主力展品放在會發亮的旋轉展示檯上，擺在最明顯的位置，藉由360度旋轉，吸引參觀者的目光；另外可營

造身歷其境之氣氛，令參觀者如臨其境，例如家具展，則可利用道具將攤位布置成像家的氛圍，為展品的可看性加分不少的體驗式行銷。

注意展品的陳列高度

展品如以層板（shelf）陳列展示，注意其擺設高度，高度位於80～220cm為可視範圍，都是適合擺放展品的區域。而高度位於140～180cm，寬度在140cm範圍內，為黃金視線範圍更是最有效的重點陳列區域，吸睛效果加倍。

注意攤位內動線

擁擠的空間會令訪客卻步，保持攤位內動線的順暢是吸引

» 德國 Eurobike－自行車零件LED燈箱　　» 杜拜 Index－臺灣意象圖型燈箱

訪客入內的重要誘因，攤位內動線的寬度在100~120CM便於二人以上錯身而過，是較理想的空間距離。

攤位布置之注意事項

1. 燈光要充足，才可為展品加分。
2. 攤位維持整潔，暫時不用的物品放置儲藏間（櫃），也隨時將門關好，避免凌亂。
3. 無論牆面或地面都避免電線外露，一則不美觀，二則安全考量。
4. 別將產品目錄或手寫海報在牆面到處貼，像大賣場促銷，影響專業觀瞻。
5. 利用掛圖或海報布置，必須注意製作質感，太粗糙則有反效果。

提出其他展覽相關項目的申請

必須於規定期限內，提交申請表單及繳費，視所需不同申請，常見的有下列項目：

1. 展品位置、展臺設計表或平面圖、攤位特殊高度等。
2. 照明用電設備、展示設施、家具用品、影音設備，及裝飾植物等。
3. 危險品申報，例如化學製品。
4. 電話、傳真、無線網路服務。
5. 臨時工作人員、翻譯人員之聘僱。

大會其他服務的申請

通常大會配合展覽會，舉辦一些增加參展廠商曝光的造勢活動，參展廠商可根據預算，選擇合適的項目參加，增加參展綜效。

1. 買主手冊（Buyer's Guide）：由主辦單位策劃，登記所有參展廠商的資料，參展廠商除了可免費登錄公司聯絡資料，也可付費在內頁刊登廣告。

2. 申請參加大會所辦的優良或創新產品的競賽。

3. 媒體廣告，可提出準備文宣資料或新聞稿、配合刊登廣告，視公司預算而定。

4. 開幕酒會、餐會，大會發給每個參展廠商邀請函，但須限制參加人數，通常會在開展後的第二天或第三天晚上舉行。

5. 造勢記者會，創造熱門議題，吸引各媒體前來採訪，炒熱展覽氣勢。

6. 創新產品展示專區或發表會、大會目錄展示專區，費用低廉，甚至免費的話，應積極爭取參加。

■ 4.3　進行參展的各項準備 ■

第三階段是在開展前三個月，此為相當重要的一個階段，必須緊鑼密鼓進行各項相關的準備，妥善安排。

參展人員的遴選

公司會遴選業務、研發、廠務相關的優秀員工前往參展，輪流在攤位及展場中運作，可增加參展的效果。研發人員尤其重要，部分買主會在現場研討想開發的產品，或想更改產品的規格、材質、加工方式等，詢問賣方是否能生產及現場估價。如果能立即給買主一個滿意的答覆，往往對賣方的好感加分，進而增加交易的可能性。因此，遴選適當的參展人員相當重要，理想的人選需具備樂觀活潑、積極開朗、誠懇親切等人格特質，選定人選後，再安排適當的參展訓練，必能如虎添翼。

安排差旅計畫

跟團前往

參加集體展會時，徵展單位通常會有配合的旅行社，負責安排參展團員的旅程交通及住宿。好處是參加者省時省事，不必再花心思策劃安排。且由於團體出發，所有團員一起搭車，一起用餐，甚至住同一家飯店，彼此都是相關行業的精英，藉著這段期間，展開社交，聯絡感情，建立人脈。尤其是一些資深前輩的經驗傳授，往往有意想不到的收穫，這種方式很適合剛開始參展的廠商。

獨自前往

如果是資深的參展廠商，跟團可能會受到團體行動的限制，較為不便。若對該展已相當熟悉，跟當地客戶互動頻繁，則可考慮自行前往，住宿飯店可請當地客戶代訂，有時候客戶

會訂在自己公司附近的飯店,方便他們交通接送及招待。

預算有限的考量

　　剛開始參展預算有限
的公司,還可考慮下榻
當地的民宿(B&B),
但需事前蒐集資料、預定
妥當。但展品最好事先交
由海運公司送至會場,隨
身行李不要太多,比較方
便。考慮展品不託運要隨

» 參展行李多,跟團交通較方便

身攜帶的廠商,必須三思,因為跟團者會有交通車接送;自行
前往者,往往還要自己安排往來交通。大展時,當地計程車不
但貴也很難叫到車,尤其在產品進出展場時,相當不便,常常
會令參展者疲於奔命,精疲力竭。當地如已有交易客戶,不建
議住民宿,因民宿不像飯店有大廳或咖啡廳,可跟客戶洽談,
實屬不便。

挑選對的展品

　　展覽中引人注目的主角是展品或服務,選擇符合客戶期望
或適合該區域市場的產品,是致勝的關鍵之一。如果是市場上
成熟的產品,通常容易定位及準備;反之,如果是市場上不成
熟,甚至是陌生的產品,就須事先蒐集資料,多做功課。然而
買主的需求詭譎多變,有時廠商認定是極具冠軍相的產品,在

展場卻乏人問津；而不被看好、拿來充數的產品，反而大爆冷門，詢價者絡繹不絕，這種情況在剛開始參展的廠商，最容易發生，日後累積參展次數後，即漸入佳境。因此，在眾多產品中，選出合適的展品，需要假以時日的經驗累積。

審慎評估展品

這個階段所有展品必須準備完成，除了新開發產品外，既有的產品也必須仔細挑選，技術老舊、款式落伍及包裝不佳的產品不宜當成展品。另外，品質有問題，或客戶的專利品也不得展出。展品不宜過多，種類不宜過雜，要符合展覽重點，有主題、有整體性。目前以工廠自營外銷當道，展品的種類過多，可能讓想找製造工廠交易的買主誤認成貿易商，降低交易的欲望，這一點供製造商引以為借鏡。

實體展品效果佳

一般買主都希望能在展場上看到展品，所謂眼見為憑，觸摸得到才能有真實感。然而並不是所有產品都適合展出，超大的展品（例如機械整廠設備），或超小的展品（例如菌種）都很難實體展出。此時就要考慮以其他替代形式展出，利用模型、圖片或影片等，更能具體表現產品的特質，惟一般仍以實體產品的展示效果為宜。

安排展品預展

如果時間許可，能在公司內找個跟攤位一樣大的地方，將所有展品掛圖及其他相關物品放置好，確定展品尺寸是否與裝

潢相符、產品是否需增減、排放位置是否恰當、是否需增加任何輔助設備，讓產品在展場發揮最完美的展出效果，且參展人員屆時布置展場能迅速且輕鬆。預展還有下列的優點：

藉機修正

預先得知觀看整個展品在攤位給人的感覺，避免產品與裝潢無法搭配的突發狀況，尤其是集體參展時，常會遇到不同企業展出類似、甚至完全相同的產品。透過預展的機制，可事先協調處理此一矛盾，避免在展覽會場上發生搶客戶的衝突，藉由預展機制，微調展品。另外，亦可預先演練人員動線及位置，增加人員對展場的熟悉。

未演先轟動

目前產業群聚正夯，結合同業集體參展，或是為了壯大參展聲勢，異業聯合參展，如果能事先舉辦預展，開放各界參觀，必可製造新聞話題，未演先轟動。惟必須注意的是，不宜提前曝光的專利品或新產品，避免參加預展，以免遭仿冒。

展品裝箱之安排

展品包裝

展品依序分別小包裝、大包裝、貼識別標誌、入外箱及製作展品清單，以便在展場組立時，不會毫無章法，摸不著頭緒。易碎的展品，更要仔細包裝，多加一些緩衝材質如 EVA 海綿、氣泡紙或瓦楞紙隔板等。展品如運至展場損壞，是無法

更換的，將會損失展出該產品的機會。重貨可裝入木箱，但為了避免部分國家對木質包裝需煙燻證明之疑慮，可採紙箱加紙棧板。

特殊規定

事前預計展品展後不在當地處理，而需復運回國的話，則包裝材料必須是能重複使用的材質，以免在復運回國的途中損毀，得不償失。運輸包裝除了要結實牢固外，還要注意尺寸及重量，方便出入展場及裝卸，最好能以紙箱包裝，若非得以木箱包裝，則需注意訂製可重複使用的木箱，且事先查明展出國對木箱是否有特殊要求或規定。

展品運輸之策劃

展品交運時間

一般以海運運送展品而言，亞洲展覽約在展前 30 天前交運，歐美展覽約在 45 天前交運；以空運運送產品約在 20 天交運即可。廠商亦可選擇自行運送產品及展場相關用品至展場，惟交給專業展品運輸公司會較有保障。通常主辦單位會推薦專業的展品運輸公司，將參展廠商的展品集體運送至展覽會場，不但可節省參展者時間及費用、避免混亂，最重要的是，確保展品準時進駐攤位。

運輸時程安排

展品之海運（空運）交運日期、進展場時間、展畢復運回

國時程，一切手續需事先安排妥當，依運輸公司發出交運通知，包含：送貨地及日期、船名、船期及結關日等，進行展品出口結關。

交運清冊

包含：展示品、樣品、宣傳品及禮品、組裝工具、文具，展場用品等。另外，尚需注意，廠商多數會在展品中夾帶一些其他的物品，例如泡麵、糖果、餅乾及罐頭等食品，需事先洽詢主辦單位，以免在海關受檢觸法，影響展出。

辦理報關及運輸相關手續

包含：國外進口通關、保稅手續、倉儲、進場、空箱儲存、退場結算等，安排內陸運輸運至集貨地點；及回程運輸安排，含國外退運報關、保稅結算、海運（空運）運之安排；相關文件包含商品檢驗申請及保險，亦可委由承辦的運輸公司一起申辦。

銀行擔保函申請

部分國家規定展品須先辦銀行擔保函後，展品抵達該國時才可辦理暫時進口，以避免萬一展覽完畢後，購買展品者或參展者，未結清關稅或拒付關稅時，海關可持該擔保函直接向銀行申請支付關稅。

復運回國注意事項

一般的展品通常在展完後，或送客戶或銷售當地，而不復運回國。如果展品預計展完後復運回國，須先告知展品運輸公

司，讓其事先規劃相關手續。需重複利用的空箱，則宜註明公司名稱、攤位號碼，交由運輸公司保存，以方便再次包裝展品。

▚ 4.4 展覽準備總檢視及補強 ▚

最後一階段是開展前一個月，出發前必須最後總檢視的階段，必須進行的事項列舉如下。

邀請買主

一般採用主辦單位所提供的邀請函寄給國外買主，部分展覽可讓參觀者持主辦單位所提供的邀請函，在會場兌換入場券。當展期逐漸接近，可在平時跟客戶、供應廠商書信往來時，於信尾中加註，提醒對方注意展期。熟識的重要客戶，更可先以電話聯絡，預約會場見面時間或會後聚餐，甚至詢問對方是否有其他特別的需求，例如樣品等，方便我方事先準備給他們。

追加物品的寄送

廠商通常在展品規定的海空運送截止時，尚有部分新開發的展品還未完成，來不及交運，另外像是展場掛圖或其他追加的物品，建議以快遞寄至當地下榻的飯店，盡量不要跟人員隨機託運或親自攜帶，避免遺失或通關麻煩。如果決定展品跟人員隨機託運，該物品應以行李箱包裝安置好，避免以紙箱包

裝，除了容易破損之外，被海關抽查的機率較高。隨箱務必準備參展用的通關商業發票（Commercial Invoice）以備查，發票內容包含：(1) 展品品名；(2) 展品數量；(3) 展品價值（CIF 價實報不低報）；(4) 展覽名稱等。

出發前確認事項

在出發前最後的準備階段，列出商展檢視清單，是確保能掌控所有細節的重要工具。更具體的目的是，落實完善的準備以達成最終的展出目標。先前已經歷數個月的前置作業，在最後能按商展檢視清單，並再次檢視整個展覽的計畫及目標，確保在展覽中，所有的事項都能逐一順利完成。

1. 展前會議：出發前與參展人員開會確認最終的所有細節，確認攤位布置、行程規劃，及是否有其他任何的問題需解決。

2. 參展人員：檢視代表公司出席的人員之儀表、接洽技巧及專業能力，必須準備就緒，確保他們可為公司達到最佳的參展績效。

3. 展品到位：與主辦單位聯繫，並確認所有攤位裝潢及展品都已到達定位，如果展品必須復運回國，也要先預約展覽結束時相關報關手續及運輸事宜。

4. 行程確認：參加國際性熱門大展，經常是食宿機票一位難求。因此，包括交通安排、住宿飯店的再次確認，是比較謹慎的作法。

5. 客戶聯繫：確定已聯絡好重量級的國外客戶，並備妥預

約見面時客戶要求的準備。

6. 出差通知：出發前，向所有客戶發出通知，儘管出差時，業務人員大多有職務代理人，但都無法處理許多細節問題。現今網路發達，聯繫較不受限，但人在異鄉處理時效上還是較慢，宜告知客戶，以免他們空等；也可利用 e-mail 自動回覆告知系統，或電話語音留言。

7. 補充物品：檢視一些隨身需攜帶的物品是否備齊，包括：個人物品及藥品、旅行路線、名片、會議行程表、文具、筆記本、報價單、客戶名單。另外，經常有些新開發產品及廣告目錄等，來不及跟展品一起交運，必須由參展人員攜帶，檢視是否齊全，並注意不要超重，排除禁止攜帶上飛機的物品。

8. 出差聯絡：記下整個行程的路線及聯絡資料，方便公司及家人聯絡，目前除了可利用國際漫遊的行動電話，如果上網便利的話，也很流行以 e-mail、skype、msn 聯繫，惟須注意時差。

9. 展前說明：主辦展覽的公司，會召集配合展覽的旅行社及展品運輸公司，在出發前舉辦行前說明會，幫助參展廠商了解該展一些注意事項及細節，回覆廠商提出的疑問及協助廠商之需求。參展者務必參加，尤其是第一次參加的展覽，事先與會了解更是不可或缺。

Part 2
展覽的
行銷策略

5
展前行銷策略

▟ 5.1 展前行銷的必要性 ▟

　　展覽會彙集眾多國際買、賣專家，在短短的數天內、在偌大的展場上，買賣雙方要找到合適的交易對象，並不容易。買方為了增加逛展效率，通常需做足功課，以期在精簡時間內，達成目標。因此，賣方在展前適當地行銷，是引導買方前來攤位參觀的重要關鍵，提供買方在看展前規劃參觀路線，節省瀏覽搜尋展商的時間。列舉展前行銷的優點如下：

1. 參展者提前曝光，加深參觀者印象，提高交易機會。
2. 提升訪客蒞臨自家攤位的參觀率。
3. 名列買方預定的口袋名單，往往較有取得交易的先機。
4. 當展館或攤位不理想時，可藉此彌補不足，吸引訪客主動參訪。

▚ 5.2 有效方式及管道 ▚

配合主辦單位宣傳推廣

　　以大會邀請卡郵寄或做成電子檔 e-mail 給客戶，誠摯邀請蒞臨；再者，主辦單位展前的宣傳新聞（News Release/Show Daily）都可善加利用。另外，在主辦單位出版的買主手冊內頁刊登廣告，能在展場人手一本的手冊上曝光，是很好的廣告方式，不過這是必須額外付費的項目，宜事先跟主辦單位洽詢。

專業雜誌刊登廣告

　　各行業的專業雜誌通常會配合主要展覽出刊宣傳，有些專刊，甚至可幫廠商撰寫一篇專訪，詳細介紹產品及企業，可提高企業的知名度。

大會展品競賽

　　大會為了製造高潮，經常舉辦各式活動，吸引媒體關注。最常舉辦的是展品競賽或新產品發表會，尤其是針對一些快速推陳出新的行業，舉辦「創新設計」、「專利新品」等。得獎的廠商，可

» 東京食品展──新產品發表會

» 印尼食品展——美食大賽

列名在大會的專刊，除了肯定該企業研發能力，同時也讓企業知名度扶搖直上，加深買主的印象。像是德國 EUROBIKE 展大會所舉辦的「Red Dot Design Arward」紅點設計比賽，每年都吸引許多廠商參賽爭取獲獎；另外，食品展的美食大賽也是色香味俱全，相當精采。

各種贊助增加曝光

　　贊助大會的各種刊物、會旗、標語、掛牌、展覽文宣、展覽網站等，贊助者的公司名稱及商標會出現在前述的贊助物品上，隨著展會宣傳活動的進行，不斷地在消費者面前強力放送，尤其對想打響自我品牌之業者，效果頗佳。

6
前進展覽會三部曲 ─────

▚ 6.1　出發囉──輕鬆搭飛機去！▚

　　許多國貿人員，視長途出差為畏途，主要的原因是，長程飛機上的不適，機上空間狹小，活動範圍受限，加上吃不好也睡不著，未上戰場，戰鬥力就已磨損了大半，苦不堪言。根據筆者多年來周遊列國的搭機經驗，在此分享一套能輕鬆搭機的秘笈，希望大家也能享有輕鬆愉快的旅途。

服裝穿著

　　除非一下飛機，便要展開跟客戶會晤的行程，必須穿著正式上飛機外，長途飛行時，建議機上衣著一定要輕鬆舒適，以棉質、寬鬆的衣物為宜；鞋子部分，應捨棄合腳的高跟鞋或馬靴，改以穿脫容易的平底鞋或布鞋。並避免因長時間久坐，而使得血液循環不良，造成下肢水腫等情形。

飛機餐食

飛機餐有時也是另一個夢魘，通常整個航程動輒十多個小時，除了第一餐還吃得下，接下來的幾餐，可能一聞到空廚微波熱餐的味道，就已經飽了。搭國籍航空還好，畢竟還是我們習慣的餐食；外籍航空的飛機餐，會吃到什麼餐食，並無法控制。筆者的法寶就是，不管搭哪家航空，一律訂「Fresh Fruit Plate」（新鮮水果餐），不但養顏美容，好消化，腸胃輕鬆無負擔且助眠，下飛機神清氣爽可馬上展開工作。

好處還不只這樣，由於它屬於特別餐，通常會優先送餐，由於特別餐必須事先訂製，最好在訂機票時便先註明；有時候水果餐都吃完了，一般餐還沒上呢！可趁此時間做就寢前準備，梳洗一番，女士們還可敷臉美容，真是一舉數得。

特別餐不光只有水果餐，還包括：兒童餐、低卡高纖的減肥餐、素食等。種類繁多的特別餐，可事先查清楚，選擇適合自己的餐食。如果兩人同時搭機，建議特別餐及正常餐各訂一份，可增加餐食多元化。長程飛行途中，航空公司也會準備數

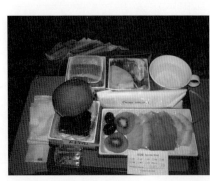

種點心供旅客享用，其中以泡麵最受國人歡迎，不過目前多數航空公司由於成本及其他因素考量，已取消供應泡麵。

» 養顏美容的水果餐

機上睡眠

　　到有時差的地區出差，最好在飛行途中入睡，比較容易調整到該地區正常作息的時間。班機最好選擇晚上起飛，清晨到達當地的航班。容易入睡者，通常時間一到即可自然入睡；不易入睡者，得藉助一些方法入眠，以免擾人害己。可利用耳塞、眼罩及充氣枕頭等助眠物品，幫助自己盡速入眠。甚至在健康狀況允許下，可考慮服用安眠藥，或是小酌一杯，適量酒精助眠，過量導致宿醉反而使睡眠品質不佳，對酒精過敏者更不宜採用此法，否則適得其反，得不償失。

◪ 6.2　暖身活動上場 ◪

City Tour

　　抵達當天，為了調時差，一定要以當地的時間為準。一般

» 德國波丁湖畔風光明媚

105

如果是跟團，尤其清晨抵達的團體，飯店還不能入住，旅行社的領隊通常會先帶大家來個「City Tour」四處逛逛，藉著明媚風光，趕走大家的疲憊和瞌睡蟲。

賣場市調

也有旅行社會安排逛當地賣場做市調的活動，可謂一舉兩得。只見大夥兒卯起來拍照，調查同質性產品的市佔率、終端售價、品牌名稱、常用規格，及競爭對手產品品質等資料。

不過當「spy」動作一定要快，馬上會有賣場人員出來制止。一大群東方面孔，容易引人側目，動作慢，來不及查到資料者，可利用展覽中的其他時間，單獨前往，較易順利達成目的。

» 眾人魚貫地進入大賣場參觀並做市調

醇酒招待

另一個有趣的經驗是，筆者曾跟團到歐洲參展時，聰明的領隊深怕這些精明的商務客難纏，進飯店前，還安排大家到酒莊吃飯，紅酒、白酒任君暢飲。之後全體團員酒足飯飽呈頭暈狀態，不吵不鬧乖乖的任憑安排，很好 take care，帶到飯店 check in，一下子全擺平，厲害如領隊四兩撥千金輕鬆愉快達成任務。

6.3 展品進場與布置攤位

熟悉展覽館位置

　　一般開展前一天，大多數的參展廠商均會進場進行展品擺設及攤位布置，首先需跟主辦單位領取參展證（Entrance Card），以方便進出展場，此證務必妥善保管，避免遺失。接下來，熟悉自己所在展館的位置、入口處（Entrance）、其他相關單位的位置在何處，例如主辦單位、服務臺、銀行、餐廳、廁所、車站及緊急出口等，以備不時之需。

展開布置

　　找到自己的攤位後，先檢查已裝運至展場的產品，是否安全抵達；攤位裝潢及設備是否按計畫完成，如有任何缺失，應立刻跟相關單位接洽處理。如果沒問題，即著手布置攤位，產品按計畫排放，

» 布展前先檢查展品箱數是否短少

其他的掛圖、海報、文宣品等也依序歸位，務必在大會規定的布展時間內完成。布置完畢要離開前，必須將重要展品及物品，收到上鎖的櫃子中，以避免遺失。

7

展中行銷方法 ————————

展覽期間，在攤位上，可藉由各式各樣的行銷活動及技巧，達到事半功倍的績效，惟須注意，人氣不等於買氣，各項活動適可而止，以免徒勞無功。

▚ 7.1 現場表演活動 ▚

與產品有關的表演

包括親自操作、示範或播放錄影帶，例如複雜的機械操作，當展品本身技術複雜，需特別示範操作，才能清楚表現產品性能及品質，且具有創造人潮、傳播訊息、教育觀眾

» 試吃活動加上帥哥解說，效果非凡

的功用。每次示範表演時間以 3～5 分鐘為宜，時間太短，無法完整表達；時間太長，觀眾易失去耐心。例如，食品業者經常舉辦試吃活動，如果只是將產品放在展示桌上，任人取用，無伴隨人員解說，試吃者經常是吃了就走，對產品的特性及價值仍一無所知，到頭來終究沒有實質的效果，所以，應注意表演活動欠缺的相關配套措施。

» 以自家的迷你挖土機投籃，噱頭十足

» 自行車連結線上越野路況，深刻體驗

另外，可利用產品特性設計一些可與看展者互動的活動。例如工程機械公司，利用公司的迷你挖土機舉辦投籃活動，除了讓觀眾親自體驗挖土機輕巧的操作，利用產品設計成活動廣告，強調其產品輕巧靈活的特點，不但增加可看性，也頗引人注目。

與產品無關的表演

如果無法利用產品本身做活動，亦可以其他方式進行活動。例如請 show girl 勁歌熱舞、有獎徵答，利用許多遊戲、

» 紐西蘭館由毛利人舞蹈獻藝

活動,炒熱氣氛也聚集人氣。例如:飛鏢轉盤送禮物、小白球比賽送大獎、現場民俗歌舞表演等。

» 墨西哥館利用歌舞炒熱現場氣氛

◾ 7.2　擅用禮物贈品造勢 ◾

展場禮物的重要性

　　展場禮物的魅力效果,經常會超乎想像,選對了禮物,絕對可以提升展場交易機率。除了可幫助吸引人潮,禮物上留有明顯易記的聯絡資料,展覽會後較容易引起參觀者的迴響。在

擁擠的展覽會上，首先映入眼簾的禮物，會像是期待中的寶藏
一樣，讓參展攤位人氣不斷，且激勵買氣，增加產品的銷售。

現場造勢的要角

偌大的展場上，熱鬧擁擠、競爭者眾，各展商莫不挖空心
思，使出渾身解數，企圖吸引更多參觀人潮。如果能利用外型
獨特或實用性佳、令人愛不釋手的禮物，必能出奇制勝，吸引
更多的人潮入內參觀洽談。隨著展場洽談機會增加，遇見更具
潛力新客戶的機率更高，無形中提高不少參展的績效。

如何挑選適合的展場贈品

根據專業研究與報告指出，如果參展廠商祭出吸引人的展
場贈品，超過半數者，會因為迷人的贈品而駐足停留，且禮品
上留有聯絡資料，獨特易記，會後較容易引起參觀者的迴響。
人氣旺盛的攤位及多樣化的產品系列，提升潛在的銷售成績是
無庸置疑的。贈品不一定要昂貴，只要是獨特輕巧，精心挑
選，品質佳且經過良好的包裝，以示禮貌尊重，就能達到很好
的效果。所以，何種展場贈品效果最佳？以下為參展廠商在選
展場贈品時可列入的重點考量：

1. 展場贈品是否符合公司的採購預算？
2. 展場贈品是否符合公司及產品形象？
3. 公司的聯絡資料及重要訊息能否印在展場贈品上？
4. 展場贈品能否準時裝運至展場？
5. 展場贈品是否很獨特，且異於市面上常見的？

6. 此展場贈品是否連自己都愛不釋手很想擁有？

常見的展場贈品種類

參展廠商可根據上述的考量，依據自己的行業、參展目標、預算、來訪對象等方向選擇贈品。下列幾種是在展場上常見的贈品樣式。

廣告型禮品

例如，附上公司名稱或商標的筆、貼紙、鑰匙圈、魔鬼沾玩偶、罐裝水等，尤其對於一些想藉由參展者宣傳產品的行業（例如電子產業、汽車產業、自行車產業等），不但能讓參觀者歡喜，更讓

» 可愛的贈品最受人青睞

這些禮品在展場上「趴趴走」，為企業宣傳，增加知名度。

宣傳型禮品

另一個普遍被參展廠商採用的宣傳贈品為手提袋，為了吸引參觀者手提或肩背，現場走透透，莫不挖空心思，利用各式各樣的材質，設計出配合公司的企業商標及顏色的顯眼外觀。惟須注意，小袋子通常會被裝入大袋子，如果為了避免被取代，通常會做大型袋子，須注意材質是否牢固，以免破底或手把斷裂，宣傳不成反而令參觀者留下壞印象。袋子的材質以布

料最為堅固,如果限於預算,不織布也是很好的選擇。

造勢型禮品

如果想在展場創造人
潮,衝人氣,可每天舉辦
定時定量贈品的活動。例
如,某家安全帽製造商,
就舉辦贈斗笠的活動,只
見時間一到,其攤位周邊
大排長龍,等待領取禮
品。接著,展場出現金髮

» 斗笠造勢,一鳴驚人

碧眼的歐洲人帶著斗笠逛展場,宣傳效果十足,見狀者還會詢
問是去哪裡拿的,也算是免費的宣傳。

實用型禮品

如果有輕巧實用的自家產品,不但可當迎賓禮,更可藉機
讓客戶進一步了解公司產品。以此
為禮品,再適合不過。亦可藉著送
禮品機會,請參觀者填問卷做市調
及蒐集名片。尤其以日本人特別偏
好進行這樣的活動,禮品精美又實
用,博得不少參觀者歡心。

像手工具業、餐具業、飾品業、紡
織品業等實用的產品,都很適合做成
展場禮品。惟須特別注意,避免以

» 以自家產品當贈品,一級棒

113

新開發產品或專利產品當禮品,以免落入有心人士手中,拿去模仿或搶先上市,造成我方損失。

典藏版禮品

原則上是限量、獨一無二的禮品,針對一些重量級客戶所準備,重點不在價值不斐,而是這份禮品的特殊及準備的用心,往往會令受贈者,備感尊榮,驚喜萬分。例如,手工迷你獅頭、臺幣紀念套幣組、精緻琉璃、皮雕零錢包等。

» 精緻琉璃及皮雕零錢包

» 手工迷你獅頭及臺幣紀念套幣組

發送贈品的注意事項

如何發送展場贈品使其能產生不同的價值認知和行銷效果?必須注意的是,不要將所有的贈品堆疊在接待桌上,任人隨意索取。建議應個別地、有選擇性地,將贈品送給交換過名片的參觀者,或潛在客戶!透過妥善分發具有廣告特色的贈品,增加參觀者的深刻印象。如果能讓參觀者在領取贈品前,填寫問卷或聯絡資料,更能進一步幫助參展廠商蒐集潛在客戶資料及分類,對未來的行銷創意,注入一股新動力!

不過，來訪的參觀者不一定就是買主，建議準備兩種以上的禮品：一種是類似「來店禮」的普獎，來者有份；另一種則是給買主或重要客戶的「特別禮」。筆者也會自行準備「私房禮物」送給一些平時聯絡頻繁、交情好的優質客戶，算是給他們一個「Surprise」，效果頗佳。

7.3 避免市場衝突及慎選代理

在同一國家或區域，避免將產品賣給太多客戶，以免客戶之間的價格競爭，可能影響進口下一批貨品的意願，甚至造成市場混亂，到頭來是供應商自討苦吃。基於某些市場或產品的特殊性，必須要在當地尋找代理商，在展覽時，通常會有許多買主急欲爭取代理權，確保日後產品在市場上推廣的獨家權力。賣方必須留意，在未清楚對方交易潛力及當地法規時，不輕易允諾授權代理事宜，尤其是中東地區。UAE 當地的代理制度奇特，法規對代理商的保護頗為周到，代理合約須經法院公證，外國公司如欲指定新代理時，須經原代理同意，此一條款形同永久代理。因此，常演變成原代理有權向新代理要求金錢賠償才會放手。初期宜以訂單開始，日後彼此深入了解，且合作關係密切後，再談代理事宜。

7.4 吸引人潮

增加展場曝光度

參展廠商為了增加公司品牌及產品在展場的曝光度,吸引人潮,莫不費盡心思。常利用布標、掛旗、形象照、燈箱,增加公司品牌的能見度及廣告效果,也讓客戶易於找到目標廠商的攤位。不過,有些展覽禁止懸掛,須事先向主辦單位查明清楚。也可藉由參加大會所舉辦的競賽,提高產品的曝光率及企業的知名度,若能順利獲獎,更是錦上添花,廣告效益大增。若攤位位置較偏遠,為了避免被訪客忽略,可請工讀生到入口處或主要路口發送傳單或樣品。

» 展場上空旗海飄揚,目標明顯

» 工讀生巡迴展場發送目錄、試用樣品

最高機密──新產品曝光

雖然推出的展品,希望廣受客戶青睞,但由於模仿及仿冒猖獗,新開發產品或專利品不宜恣意公開曝光。如果該類產品

為數眾多,攤位最好採用封閉式設計或設有會客室,將重要展品置於會客室,便於事先篩選過濾訪客,邀請重要客戶進入會客室洽談,一般客戶則在開放接待區招待即可。

» 最高機密的攤位設計令人莞爾

» 預防展品曝光,滴水不漏

8
展中行銷技巧 ——————

▪ 8.1 展場廣告行銷術 ▪

為了吸引絡繹不絕的訪客駐足參觀，各家展商莫不挖空心思，想盡絕招，以下列舉各家經典絕招範例。

立體廣告

» 放大版的手工具是專利新產品

將產品做成放大版的立體樣品，矗立在展場攤位上，想不引人注目也難。例如，德國著名的手工具業者，將其新發明的專利產品，做成一隻巨大的手工具，懸吊在攤位上空。另外，臺灣工具業者

將巨大的產品招牌擺放在攤位前，也頗具廣告張力。

活動廣告

運動衣製造商，藉由穿上大型充氣衣的人偶，穿梭展場「走透透」，充氣衣背面註明展館及攤位號碼，吸引參觀者到攤位上一探究竟。印尼食品展，巧克力業者則派出黃金人，在展場緩慢移動，上演一場黃金真人秀。

日本食品展時大力推廣臺灣水果，主辦單位利用活動的水果玩偶，加上日本辣妹，定時穿梭在各館，強力推廣臺灣的精緻農業，效果頗佳。巧克力棒的業者，則推出巧克力棒布偶一較高下，霎時展場熱鬧非凡。

» 拉麵會隨著竹筷上下移動，十足逼真

» 充氣衣走透透

» 黃金真人秀登場

超辣活廣告

自行車業者，聘請人體彩繪女郎配合自行車做超辣的展示，果然引人注目，群眾紛紛駐足圍觀。

創意活招牌

自行車零件業者，將所有相關的零件拼湊成一個酷炫的機器人，不但讓所有零件系統化的呈現，也極具視覺效果，新奇的創意令人印象深刻。

» 水果布偶為臺灣的優質水果強力放送

» 彩繪女郎，係金耶

展場表演節目

如果產品本身的屬性較難結合活動來呈現，為了吸引人潮，可考慮舉辦一些表演節目，例如現場樂團表演，或商請劇團配合展場演出。

» 超酷炫的完美創意

» 樂團現場獻藝

» 美國默劇 Blueman 劇團精彩演出

趣味遊戲

在日本食品展,販售糖果餅乾的廠商,在會場內安排夾娃娃機器,讓參觀者在免費遊戲中,夾取該公司的產品。在美國的工程機械展,卡車公司無法利用實體卡車供訪客體驗式行銷,只好提供虛擬的線上賽車遊戲,藉由線上賽車遊戲的進行,不但趣味十足,也引來眾多人潮。

» 免費的夾娃娃機器遊戲

» 虛擬的線上賽車遊戲,精采刺激

» 日本辣妹清麗可人

» 美國辣妹火辣迷人

辣妹策略

　　展場辣妹的「吸睛」能力無人能及，聘請性感辣妹，在展場上協助促銷，一掃展場沉悶的氣氛，增添展場可看性。儘管她們只負責遞目錄、招攬客戶等基本工作，吸引人潮，她們可是功不可沒喔！

8.2　參加主辦單位舉辦的各項表演賽

　　配合展覽主題，有些展覽大會也會舉辦表演賽，像每年德國 EUROBIKE 展，大會在戶外設置特定區域，讓各參展業者提供自家的自行車，讓參觀者試

» 自行車越野障礙表演

» 大型機具戶外展示表演

乘體驗。另外,設置越野障礙區,供選手們示範表演,提高產品的曝光率,增加廣告效益。

　　在美國拉斯維加斯舉辦的 CONEXPO-CON/AGG——工程機械暨工程車輛展覽,由於展品都是大型機具,因此,安排在戶外展示表演。

🔳 8.3　展場主動出擊 🔳

　　參展偶而也會遇到抽中下下籤的時候,例如展館或攤位像在邊疆地帶,位置偏遠,買主根本不進來。當攤位的參觀者稀稀落落、不踴躍時,應改採展場巡禮,利用各種方式,積極主動走訪,搜尋潛在客戶。通常大公司攤位上的人員,並非採購

決策者，可留下名片、目錄請其轉交即可；小公司則容易見到決策者，可伺機推廣，如有興趣可進一步邀請對方至攤位詳談，成功機率較高。

膽大的高手，也可嘗試在走道上搜尋買主。設定目標後，先觀察其動向，以便得知對方需要採購何類產品，如果跟自家產品沾上一點邊，便主動上前推銷，惟勿在競爭對手攤位附近「拉客」，否則會招致非議！

8.4 展開展覽社交活動

入境隨俗參加當地活動

建議展商積極參加主辦單位所舉辦的各種活動，例如記者會、研討會，及買主之夜（Buyer's Night）等，把握買賣雙方齊聚一堂聯誼的好機會。由於此類活動，通常時間冗長，臺灣團似乎並不熱衷參加。但在美酒佳餚、輕鬆愉悅的氣氛交際下，更能發現潛在客戶，藉此爭取商機、拓展人脈，要怎麼收穫，先怎麼栽。

另外，不妨隨身攜帶名片，出差時、搭飛機、用餐、閒逛，連去超市買東西，都可兼作行銷，開發客戶。出差到各國，盡可能抽空四處走走，除飽覽美景，也可了解當地人文，尤其一些名勝古蹟、奇風異俗，增加日後作為跟該國客戶聊天的好素材。

» 杜拜展豪華熱鬧的晚宴，賓主盡歡

展中社交活動

輕鬆交誼、公事暫緩

　　參展是買賣雙方見面、建立情誼的好機會，而展覽期間最好的社交活動就是邀約用餐。一邊吃飯一邊討論公事，在臺灣商業聚會中，司空見慣，且習以為常。然而在與國外客戶的聚餐上，則較不恰當，尤其西方客戶，用餐是放鬆且享受的時光，談公事只會讓對方感到煞風景。不管跟哪一國籍的客戶吃飯，重點在聯絡情誼，在餐桌上談生意，容易適得其反，如果一定要談公事的話，也必須等到用完餐後，開始上甜點或飲料時較適合！

與各地外賓商務飯局須知

除了上述與國外客戶用餐的注意事項之外,各地飲食文化及用餐習慣差異頗大,「眉角」甚多,務必詳加了解,以免屆時不知所措,甚至失禮得罪客戶,可就得不償失了。

歐洲地區

歐洲人晚餐吃得晚,下班後可先約在 pub 喝個酒,聊聊天,大約在八九點,才開始正式用餐。當地人訓練有素,空腹喝酒稀鬆平常,但是對於不常喝酒或酒量差的人,喝這種餐前酒時,可先吃一些堅果類或含油質的點心墊墊胃。歐洲人講究用餐氣氛,尤其是跟法國客戶吃晚餐,從餐前酒、主餐、佐餐酒、甜點,最後再來個飯後酒,席間務必打起精神,避免喝醉,也勿哈欠連連。值得一提的是,歐洲飲酒禮儀輕鬆且自在,和臺灣大不相同,在臺灣,主人會拚命勸酒;在歐洲,則能根據自己的酒量愉快地品酒,比較沒有壓力,而能賓主盡歡。

美國地區

在美國,飲食的分量通常都是 King Size,主餐大得嚇人不說,附餐的馬鈴薯泥、沙拉、麵包、飯後甜點,也不遑多讓,加上席間喝的飲料常是啤酒,胃口不大的人,通常前菜吃完就飽了,點餐時必須注意,避免剩下太多的食物,愧對東道主。

日本地區

在日本,日本人工作壓力大,個性壓抑,常利用下班後吃飯喝酒解壓。有時候你會看到一向嚴肅的客戶,喝酒後完全解

放，手舞足蹈、多話，甚至行為失控，跟工作時的樣子簡直是天壤之別。重禮數的日本人，除了酒以外，還喜歡用有顏色的飲料招待客戶，所以，盡量勿要求提供白開水或礦泉水，以免讓對方覺得招待不周。

另外，要提醒的是，當地的高級餐廳通常是傳統的榻榻米設備，女士們必須跪著，對於我們這些平時缺乏練習的人而言，應注意讓雙腿保持血液循環良好，避免漫長餐會後，站不起來的窘境。

中東地區

在中東，多數為回教國家，進餐規矩頗多，只能用右手進食和拿取食品，因為被視為不潔淨的左手是用來洗澡、入廁。入境隨俗是最佳良策，除非對方主動提供餐具，否則要求以餐具進食是失禮行為。也勿對著穿戴面紗的女人拍攝。

基於宗教關係，當地嚴禁酒類，因此席間不能喝酒，以免犯戒。不過在杜拜，因應國際化的需求，飯店內設有酒吧可飲酒，但是規定僅能在酒吧內喝，不能外帶。由於阿拉伯國家比較保守，一旦出席對方邀約的餐會，女性衣著也應保守，即使是夫妻一起前往，舉止也忌太親暱，以免失禮。

另外，回教徒有所謂的齋戒月，大約在每年的 9 月到 10 月左右，整個月每天日出到日落都禁止吃喝，宜避開這段時間前往拜訪或邀約聚餐。

中國地區

中國商人是著名的「紅頂商人」，要談生意，人脈關係絕不能輕忽，而建立人脈的最佳方式就是參加應酬活動。社交生

活少不了吃飯喝酒，往往三杯黃湯下肚，彼此稱兄道弟，很多生意就在飯桌上談成了。在中國，應酬餐會被視為工作的延伸，是非常重要的商業活動之一。

在中國，有許多飲食習慣跟我們不同，要有心理準備，菜餚油且鹹，也不講究公筷母匙。曾經在四川嘗試過不換湯底的麻辣鍋，意即那一鍋辣湯底是很多人吃過的「洗筷湯」，據當地人表示越多人吃過，湯越鮮美。

喝酒更是飯局中的重頭戲，中國人無論季節，最愛喝濃烈的白酒，也愛乾杯喝急酒，連同文同種的臺灣人都招架不住，更何況是老外。通常如果遇上外國客戶酒量不佳，應在一開始就誠懇表明無法飲酒，切勿半推半就，否則東道主誤以為是客氣，反而會頻頻勸酒，到時候喝醉失態，就很尷尬了。

「續攤」風氣盛行，往往是餐後重要活動，對增進雙方情誼有指標性意義。不論中外，似乎都熱衷於娛樂意味濃厚的「Second Run」，其中又以到 KTV 唱歌或酒店風花雪月一番，最為普遍。中國酒店規模之大、數目之多，堪稱奇景。

適合的聊天話題

在商場宴請嘉賓，可佐以合宜的話題，讓用餐時光輕鬆且愉快。在餐桌上聊天時，盡量以對方聽得懂的語言進行，避免冷落對方，此外，最好是合適的大眾話題。列舉數個安全話題如下：

(1) 國際新聞、熱門時事

國際間的重大新聞、熱門時事，無論東西方總會樂此不

疲地討論。尤其是一些影響經濟、攸關生計的議題，絕
對是全場注目的焦點，引起熱烈的討論。像是石油價格
狂飆、金融風暴、幣值驟變等。

(2) 旅行、交通

從事國際貿易的人，通常必須往來各國、四處旅行，以
此為話題，分享一路上的見聞及點點滴滴。另外，大多
數生意人，總愛分享出差途中的一些細節，像是搭什麼
航空、如何轉機、航程趣事，或是班機延誤、機場暴動
罷工、搭錯車等。

(3) 運動、嗜好

外國人酷愛運動話題，男士尤其喜歡球類運動，像是籃
球、足球、網球、棒球等；女士則較愛軟性運動，像是
韻律、瑜伽等。至於不分男女都喜歡的嗜好，像是寵
物、暢銷書、品酒、電影及美食等，通常都能引起共
鳴。

(4) 居住環境及天氣

談論各自居住城市的環境，是很有趣的話題，例如城市
的面積、人口、特殊建築，及主要的謀生方式等。近年
來全球受暖化影響，氣候異常，因而引起一些天災，天
氣話題貼近生活，相當適合閒聊。

禁忌的話題

(1) 宗教

宗教既可讓人放下仇恨，亦可讓人產生對立，多數的宗

教都具排外性，尤其是信奉者，其中心思想不容撼動，一旦挑起敏感的宗教話題，不同宗教者容易因捍衛各自的信仰，而擦槍走火，引起爭端，後果難以收拾；連相同宗教者亦可能因一些觀念上的差異，而引發爭辯，破壞情誼。商業活動最重要的是建立良好的關係，謹言慎行為上策。

(2) 政治

政治是繼宗教之後另一個「地雷」話題，尤其是男性，熱衷政論節目的程度，跟女性酷愛電視肥皂劇的程度不相上下。西方人將政治視為個人信仰，尊重個人選擇，爭論較少；東方人則對政治狂熱，趨近兩極化，絕無模糊地帶。一些原本看好的生意，很可能因主事者的政治立場不同，而宣告破局。政治歧見絕對會影響到商業活動，不可不慎。

(3) 個人隱私

在跟對方不熟的情況下，切忌主動探及個人隱私，例如健康、年齡、收入、婚姻狀況、外貌裝扮，及私生活等。有些人一見面就以評論對方的外觀為開場白，除了令對方不快，也可能有冒犯之虞。國人一向有「交淺言深」的毛病，初見面就問私人問題，容易造成尷尬狀況，如果對方是異性，還可能造成誤解，引起不必要的麻煩。涉及隱私的問題，除非對方先提及，否則還是少碰為妙。

(4) 葷笑話

笑話使氣氛輕鬆，是佐餐良方，惟須注意，盡量避免談
及跟「性」有關的葷笑話，以免在座的女士不知所措，
甚至可能有性騷擾之嫌。

▄▀ 8.5　省錢展覽行銷秘笈 ▄▀

參展行銷對於一些剛開始拓展外銷的小公司而言，恐是一
筆為數不小的開銷，但臺灣人發揮「窮則變，變則通」的精神
以小博大，以下列舉三種創新的方式供參考。

分租攤位拓銷

最初此情況常發生在一位難求的熱門大展，許多無法取得
攤位的廠商，退而求其次地跟其他廠商分租攤位；後來演變成
部分廠商由於產品種類不多，一直不敢嘗試參展，在初期參展
時，便採取此方式展覽，和有經驗的廠商聯展，不但省錢且團
結力量大，可分享彼此客源，還可互相支援接待客戶，輪流看
守攤位，方便逛展場或用餐，好處多多。

不過，在選擇分租攤位廠商時，最好選擇相關產業，但不
同產品的非競爭對手，這樣方可互蒙其利，而不會惡性競爭。
分租者較吃虧的是，攤位及買主手冊上並不具名，對外聯絡較
不利，但這對剛開始拓銷的廠商影響不大。

無攤位拓銷

第1章曾提及，未參展過的廠商，最好選定合適的商展，先行觀展。若看展同時能再增加一些附加價值的活動，便更符合經濟效益，一舉數得。

當地已有客戶者

可事先跟客戶約好見面日期，地點不宜在人潮擁擠的展場內，可約在下榻的飯店洽談。此時應入住品質佳的飯店，除了方便洽談外，也可讓部分以下榻飯店等級來評定供應商格局的買主，加深印象分數。

當地未有客戶者

可帶著目錄及樣品在展場內，做地毯式搜索及掃街式拜訪。除了過人的勇氣與不屈不撓的精神，即使外語能力不佳，也勿打退堂鼓。搭配比手畫腳的熱誠，盡力溝通；此種主動出擊展場巡禮的拓銷方式，並不用特別要求飯店等級，能省則省。

目錄展示拓銷

全世界的展覽多如牛毛，限於預算及時間往往無法盡數前往。除了兵家必爭的重點展覽須蒞場參加之外，對於其他潛力市場，亦可參加廣告媒體業者、各公會或展覽公司，在展覽會場所屬的攤位上，舉辦的「目錄展示」，所需支付的費用極少，如果因此獲得客戶的青睞，則算是拋磚引玉，以小博大的妙策。

9

展覽期間注意事項

▚ 9.1　展覽中必要的活動 ▚

每日會議檢討

　　展覽期間，每天宜提早到展場準備，開展前先研討當天該進行的事項，並將工作適當分配；下班前也應檢討一天的得失。參展人員工作量大，壓力也大，彼此應適時互相鼓勵，如表現不當，也要即時糾正或加強，以增加展覽績效。如果展覽期間繁忙，也可利用早餐時間進行。

蒐集展場情報

　　誠如第 1 章所言，展覽的另一個重要意義是，蒐集各項情報，包括：該產業的現狀、產品的最新發展趨勢、競爭對手的動向，及其他相關的重要訊息等。大家各司其職，針對自己最需要的層面蒐集，通常企業主最關心產業動態；研發人員最在

乎是否出現其他新產品、新技術；而業務人員則留心競爭對手
攤位造訪人數多寡、是否有大買主進入洽談等。

　　蒐集展場情報，除了目視，有時也必須配合拍照記錄。一
般而言，大會為了保護展商權利，除非獲得允許，展場內一律
禁止拍照。然而言者諄諄，聽者藐藐，不分中外，各自使出看
家本領，卯起來偷拍、蒐集情報、探查敵情。最好的拍照時機
是，每日開展前提早進場。

展場點心的招待

　　飲料是招待客戶的基
本配備，而在國際大展期
間，展商為了使賓至如
歸，無不卯足全力端出私
房點心（餅乾、糖果、巧
克力）或飲料（茶、咖
啡）等招待訪客。西方展
覽尤其歐洲展場，各攤位
上貼心的服務，令人目不
暇給。大型展商甚至還有
啤酒吧檯、咖啡吧檯。

» 大展商不惜重資，設置飲料點心吧檯

　　不論是任君取用的爆
米花機、帶有臺灣特殊風
味的鳳梨酥、牛軋糖、
高山烏龍茶、龜苓膏軟

» 在美國，連爆米花機都登場了

糖,招待 VIP 級的客戶,讓客戶備受尊寵,增進彼此的合作情誼!

9.2　展覽中的展場攤位管理

清理攤位,保持整潔

　　每日展出前,先注意展品陳列,有被挪動的展品歸回原位,隨時擦去展品上被參觀者觸摸過所留下的手印(尤其是金屬電鍍產品)。攤位隨時保持整潔,不要隨便放置會絆倒人的物品或障礙物;要注意補充展示櫃上的文宣資料;接待桌保持整潔,隨時收拾不用的水杯、飲料罐等雜物;並留意攤位是否需增添道具或設備,例如聚光燈、電器或展示架等,注意勿用電過量以免發生危險。

必備的儲藏室(櫃)

　　攤位最好設有儲藏室,白天開展時,可放雜物及參展人員的私人用品,如衣服、包包等,避免攤位顯得雜亂,還可供參展人員用餐休息之用;下午休展後,則可放重要展品,避免遺失。如果限於空間不足,至少要設置可上鎖的儲藏櫃。

攤位禮貌

　　避免在攤位上飲食,尤其是味道濃郁的食品。用餐時間,人員最好在儲藏室、或輪流到用餐區用餐。避免像泡麵、榴槤這類會散發特殊氣味的食品,應照顧到展場上所有人的感受。

9.3 避免各項侵權行為

查緝產品侵權方式

現今是注重智慧財產權的時代，有些企業因為抓侵權仿冒，而賺取為數不小的賠償金。因此，須特別注意產品展出前，是否涉及專利侵權。目前在展覽會抓侵權仿冒的案例時有所聞，風聲鶴唳，令所有展商精神緊繃。一般查緝方式大概有下列幾種：

海關備案查扣

原廠業者如事先得知可能有仿冒品輸入，先向當地海關申請查扣備案，之後該產品進入當地海關通關時，查獲立即查扣，如係展品，簡直雪上加霜。先前全球最大的漢諾威 CeBIT展，就有廠商的展品進入海關時，慘遭查扣沒收，展覽會場的展示櫃只好擺放著德國盛產的蘋果，令人啼笑皆非。

國際專利公司佈局

原廠業者慣於利用國際專利公司向製造商開鍘；專利公司看準這波抓仿冒的熱潮及豐厚的權利金賠償；展覽會則充斥展覽場的「抓耙仔」，負責到展場盯梢，找到目標即報警處理，相關人員持搜索票到場，一旦查獲仿冒屬實，查扣展品並令展商撤展，收押至警局作筆錄、寫切結書。目前以電子產品被控侵權的案例最多，控方主要的目的是殺雞儆猴，不僅參展廠商在現場被抓，連千里之外的生產工廠也遭恫嚇，警告意味濃厚。

避免侵權的應對辦法

抓侵權有時候只是一種專利遊戲，目的是想讓仿造廠吐出大把的權利金，然而專利授權隱藏許多細則或模糊地帶，製造者不可不慎，解決之道列舉如下：

申請專利保護

產品開發中或生產前，宜先調查清楚市場上是否有類似產品；新產品完成後，也應立即委由專利公司進行專利申請，先註冊才有保障，以免被後來註冊的人反控侵權，徒勞無功。

刊登雜誌佐證

公司開發新產品不擬申請專利，但又怕日後被控侵權，則可先公開此產品，例如刊登雜誌廣告，並留下該雜誌備用，日後如有他方控告侵權，可藉以佐證，反而可以撤銷其專利權。

對付侵權者策略

目前我國廠商致力於研發新品，並申請專利以保護己身權益。然仿冒者猖獗，除控告仿冒者外，最好的方法應找出買仿冒品的買主，尤其是注重智慧財產權的歐、美、日，如果對方是大買主，要求將其仿冒品全部撤下，還可提出損害賠償請求。

音樂、影片播放之合法性

在參展攤位上，為了炒熱現場氣氛、吸引人潮，許多廠商會選擇播放流行歌曲、音樂或影片。惟展場係屬公開場合，此

一行為涉及「公開演出」，如欲播放非自身創作之歌曲、音樂或影片，須事先分別取得音樂著作及錄音著作財產權人的同意或授權，支付權利金，取得合法授權始得播放。唯有尊重智慧財產權，才能避免侵權受罰。

🔲 9.4　參展人員的自我管理 🔲

言行舉止合宜

　　參加展覽主要目的是推銷產品，但出門在外也是推廣國民外交的好機會。國家的風格，由人民的素質就可看出端倪，因此，出國參展人員應特別注意言行舉止，為臺灣形象加分。列舉應注意事項如下：

1. 公共場合勿大聲喧嘩，接聽手機應輕聲細語。
2. 行走、乘車、搭電梯時，勿爭先恐後或插隊。
3. 該給小費時，千萬別吝嗇。
4. 以微笑化解隔閡。

出門在外，健康為要

　　出遠門工作，舟車勞頓，最怕水土不服，身體不適。為了避免生病，預防勝於治療，尤其食物及天氣方面要特別留心。

食物方面

　　國人出差至國外，喜歡攜帶泡麵及罐頭食品，深怕吃不慣當地食物。但遍嚐世界美食，乃人生一大樂事，建議多做嘗

試。惟應避免暴飲暴食，或食用太新奇的食物，以免造成過敏、中毒，也不要亂吃路邊攤讓胃腸受苦。

　　過敏體質者應自備藥品，並盡量不食用會導致過敏的餐食（例如海鮮、酒類等）；飲酒不宜過量，淺嚐即可。

　　有趣的是，在德國遇過臺灣廠商，在返臺的班機上腹痛如絞，經驗老到的德航空姐，倒了一杯可樂給他喝便緩解了腹痛，這才明白，可樂之於外國人如同青草茶之於臺灣人一樣，有病治病，無病解渴，神奇之致無法言喻呢！

天氣方面

　　除了食物以外，外國的天氣也容易令人不適。例如北半球的冬天，室內外的溫差甚巨，常令我們這些亞熱帶的人很難適應。在展場內，小小的空間，炙熱的聚光燈加上人潮帶來的溫度，經常熱到忘了室外是正下大雪的天氣。遇上這樣的情況，穿著宜採洋蔥式穿法，以免進室內中暑，到室外受寒。在飯店房間內，雖有暖氣，最好將窗戶開個小縫，讓室內外空氣流通。另外，到氣候乾燥的地方，應注意補充水分；在室外活動應注意防曬。冬天到下雪的國度出差，除了注意保暖之外，務必要戴上太陽眼鏡，以免眼睛不適；到熱帶國家出差，除了小心防範中暑之外，還要當心避免傳染病。

衣著方面

　　除了表演者的表演需要外，公司參加展覽會的人員，服裝以正式套裝為宜，切忌太暴露或隨性；鞋子的款式必須與衣服搭配得宜，勿著新鞋，以免雙腳不適；如果全體穿著制服，

則制服款式須與企業形象
及公司的 CIS 符合。多數
企業在展場的制服會選擇
休閒 polo 衫或背心，比
較適合 B2C 的展覽，而
B2B 的展覽仍以正式套
裝為宜。休閒產業的自行
車展則屬例外，不論參展
者或參觀者大都穿著休閒
服裝，整個展場瀰漫一派
輕鬆的氛圍。

» 來自鹿港小鎮古典的團隊制服

9.5 展覽結束前注意事項

持續下年度展覽

參展其實是條不歸路，一旦展出，便須持續展下去。當買
主在展場上看到新供應商會先列入觀察名單，爾後視對方是否
持續穩定，再做進一步考慮。所以，許多廠商在第一年展出
時，通常並未收到實質效果，原因出在買主對於新供應商，也
需要一段時間的審慎評估，快則一年，慢則二、三年才會考慮
下單合作。因此，持續參展往往讓買主列為是否穩定及考慮合
作的重要指標。惟須注意，一些國際性的熱門大展，經常是一
位難求，候補者眾多，宜在展會結束前，跟主辦單位預約下一

年的攤位，除了可優先取得較好的攤位之外，也可避免日後攤
位名額爆滿，錯失來年參展機會，中斷持續展出的目標。

避免提早收攤

國人參展有習慣提前收攤的陋習，大會規定下午五點結
束，大概中午過後，就會聽到各家展商此起彼落的打包聲音，
往往時間未到，攤位已淨空，人也跑光了，十分尷尬。

常見主辦單位提出警告、祭出罰則，但展商依然故我。其
實根據調查，一些殺手級的買主通常是談判高手，經過整個會
場的巡禮比較後，多半會在最終一刻出現，在展覽結束前做最
後決定，提早離開的展商便容易錯失良機。

展品的處理方式

贈與當地客戶

當地如有代理商，則可全權交由代理商處理；如無代理
商，可送給交情好的老客戶或具潛力的新客戶。惟新開發的樣
品或專利產品，須再三斟酌贈與的對象，以免落入競爭對手，
慘遭盜拷侵權。

贈與慈善機構

大型的家具或數量頗多的消費性產品，不易現場販售，或
怕擾亂市場行情，而不在現場低價傾銷，可考慮捐給當地的慈
善機構，宜事先打聽清楚並聯絡妥當。

銷售

　　大部分的展品，復運回國通常很不划算，且不能將它們丟棄在攤位上。因此，除了上述兩種方式，最普遍的還是將展品當場銷售，避免麻煩。一般而言，除非是國內展或消費展外，專業展是禁止現場銷售，儘管主辦單位禁止展商在現場銷售展品，但此仍為解決展品的好方法。惟須注意，務必跟買主約定展期最後一天才能取走，免得展覽期間，展品已賣掉一大半，攤位空空蕩蕩。如何賣展品也是一門學問，通常詢問度高的熱門產品、小巧易攜帶的、實用性高、外型討喜的展品，價格可訂高一些；不好賣的展品，除了降價，也可當作贈品送人。

■ 9.6　展覽期間突發狀況的處理 ■

展品「開天窗」危機

　　參展最怕臨時有「凸槌」情況發生，包括：產品未到展場、運輸途中毀損或失竊等，造成少展品，甚至無展品可展的慘況，影響參展效果甚巨，經常會令人扼腕不已，盡可能事先防範臨時突發的狀況，也要適時採取應對措施。

　　通關延誤或海關查扣是造成展品未到展場的最大原因，廠商應事先查明並遵守當地海關規則，避免卡關延誤參展，切勿以投機取巧的不當方式通關，以免自找麻煩。另外，廠商若未參加集體運送產品，自行運輸也可能造成這樣的狀況，務必慎選信譽良好的運輸公司。

　　筆者曾在工具機展看過開天窗的例子，原因是廠商借當地

代理商現有的機器參展，以避免展後處理展品的麻煩，但可能跟代理商沒談妥，導致開展後現場沒機器可展，最後只能將目錄貼滿攤位，發目錄、遞名片、以口頭介紹，因小失大，可見一斑。

展品運輸期間損毀或失竊

避免展品損傷之道

展品運輸期間損毀時有所聞，尤其是較脆弱的產品，像是玻璃、瓷器類製品或大型機械。廠商通常在展場準備布展，開箱後才發現展品損壞，運輸路途遙遠，實在難以界定，何時、何處造成損壞，無處索賠，且展品無法展覽所造成的損失，實難估計。

除加強包裝牢固及避震之外，須慎選運輸展品經驗豐富的運輸公司。如果展品價值不斐，最好從工廠到展場全程保險，若有損毀，必須辦理出險時，先請公證單位出具證明，以茲索賠時佐證。

預防展品失竊之道

展品失竊在各大商展展場上層出不窮，防不勝防，不論是小偷，更有商業間諜。保衛展品，令各家展商莫不使出渾身解數，卯足全力。最佳預防之道是攤位設計採取封閉型，從外面完全看不到展品，惟此法花費甚巨，不是一般小廠商負擔得起，如果展品體積不大，建議可鎖在儲藏室（櫃）內；貴重品，閉館後隨身帶走，必要時也可加保竊盜險。

另外，展覽期間，小型的展品，尤其是精美小巧的新產品，切勿擺放在接待桌上，以免參觀者當成贈品趁機拿走。此類展品可放在玻璃櫃中展示，不但安全，更顯質感。

主辦單位的控管問題

多數主辦單位對於保護展品、避免竊案發生，紛紛採取嚴格的展場控管。預防失竊措施，除了加強保全人員現場巡邏外，甚至規定，所有布展廠商一旦完成布展，圍起攤位簾幕，所有人，包括參展者，都必須離開不得再進入，藉以控管展場人員的動向，以防竊賊魚目混珠、趁虛而入。

如果遇上主辦單位控管不嚴格，失竊機率便會提高，難以避免，貴重的展品如無法隨身攜帶，務必投保竊盜險。

攤位裝潢未完工

標準裝潢

廠商若選用主辦單位的制式標準攤位裝潢，一般很少遇上未完工的狀況，即使開展前一天還在趕工裝潢，也一定會在開展前如期完工，頂多只會造成廠商布置上的困擾，問題不大。不過，一些較不先進的新興國家辦展，便常會遇到這種狀況，往往開展前一天進場要布置時，攤位仍空蕩蕩，令人憂心。但通常整體的裝潢都如此，大家也就見怪不怪，唯有努力催促趕工，別無他法。建議參加此類展覽，再提早一天出發，開展前兩天便進場布展，以控管不可預期的情況發生。

自行裝潢

自行裝潢的展商經常發生比較麻煩的情況，由於自聘的裝潢單位，不是主辦單位所指定的公司，施工時缺乏奧援，加上大會以安全考量（電力安全）及其他因素（例如未通過認證），通常會產生諸多阻礙，容易因而延誤，如非必要，盡量以大會裝潢公司統一布置為主。若是無法避免，一定要自行裝潢，除了事先須知會主辦單位，取得同意再進行。如果攤位的裝潢較複雜，進行展場布置時，可額外付費請展場的施工單位幫忙布置，如此一來，即使攤位裝潢延誤，但可確保在開展前能趕工完成。

證照及財物遭竊之處理

護照

出門在外，最怕遇到掉東西的意外，不但麻煩，也讓人「奇檬子」不好。事先預防，勝過事後處理。護照除非必須用到，否則勿隨身攜帶，盡量放在飯店保險箱中。現金勿集中放置，應該分置幾處，以免一旦遺失，身無分聞。先進國家並非安全無虞，像南歐義大利，吉普賽扒手充斥，路上行走時要特別當心，以防遭竊或搶劫。

皮包

在餐廳用餐時，女士的皮包勿放在身後的椅背上，以免皮包不翼而飛，不但損失錢財，也會影響接下來的參展情緒。建議出國不用攜帶太多現金，可改用信用卡，惟須注意匯率及刷

卡加手續費的問題。

展場扒手

展覽會場是另一個容易聚集扒手之處，他們通常趁人多、混亂之際下手，重要物品勿放在攤位顯眼之處，宜放入置物櫃中；展場外，人潮洶湧，也容易遭竊。筆者就曾遇過跟廠商到科隆參展，在步出展場，將過萊茵河的橋邊，遇到吉普賽女郎，手抱著一名嬰兒，一邊對我們嘰哩咕嚕地說話，一邊將手伸入廠商的口袋中，幸好被機警的廠商識破，當我們大聲喝止，熙來攘往的人群居然都漠視，好像是稀鬆平常的事，讓我們深感遺憾，還是自己小心為上策，一旦出事，恐怕沒人幫得了你。

當街搶劫

在國外逛街，也須格外小心，黃皮膚的東方人引人注目，容易成為偷賊下手的目標。多年前在南非的約翰尼斯堡，團員們餐後，正準備回飯店，此時突然出現一位黑人，手持摔破的酒瓶，搶走一名男團員的手提包和外套，大夥嚇得半死，毫無對策。提醒各位，在人生地不熟之處，千萬別穿金戴銀，錢財露白，以免引來扒手、搶匪覬覦。

另類搶匪

另一次糟糕的經驗在香港，居然遇到傳說中的「鏢客」。那次陪著友人進入一家南北貨商店購買鮑魚、干貝。由於店家說著一口流利的臺語，聲稱自己也是來自臺灣，令我們倍感親

切，毫無戒心。選定一斤乾鮑魚後，店家卻將標示每斤的價格，硬是改以每兩計算，向我們收取數倍的價格，並堅稱乾貨已切片包裝，無法反悔不買。與其理論，反而出現彪形大漢威脅，最後只好付錢了事。國外購物，建議還是到大型著名商行、百貨公司或免稅店購買，除了安全，品質也較有保障。

無買主

　　事先未做參展前評估，選成地方性的小展或綜合展，這種情況常發生在中國、印度、東歐等地的展覽。這些展覽新興地區，經常辦展，每年所舉辦的展覽不計其數，主辦單位招攬時習慣誇大其辭，難辨真假，解決之道是，先去看展實際評估，方可避免。另外，如果攤位於偏遠或主題不符的展館，也會造成無買主造訪。此時，絕不能自認倒楣，坐以待斃，應主動出擊，會場巡禮尋找買主，亦可請主辦單位或我國當地的駐外單位協助，甚至可跟飯店索取電話簿積極發掘潛在客戶，盡人事而聽天命。

　　最可怕的情況是，一些不可預期的情況發生，而影響到參展。像數年前的 SARS 風暴、天災、暴動等，這些事先無法掌控的風險，令整個展場冷清蕭條，展場充滿參展廠商，參觀者卻寥寥無幾。如果出發前，狀況已經發生，應評估實際狀況，嚴重的話，最好取消前往，避免多花費，且安全堪慮；如果已前往，應以人員安全為首要任務，再伺機行事。

10
展覽結束的後續工作 ──

◾ 10.1　回國前階段 ◾

攤位處理

　　展會結束，將樣品處理好後，還需將攤位上的其他物品一併處理。跟團參展，通常由組團單位統一處理，如果是個別報名，或自行裝潢攤位者，則務必要將攤位內物品，全部處理妥當，否則大會恐開罰為數不少的攤位處理費。攤位裝潢可轉賣或贈送當地人，以避免被罰，務必要按規定處理，不要存著僥倖心態，以免影響來年參展的機會。

展後拜會

　　出一趟遠門，在耗費財力及人力甚巨的情況下，期盼能夠達到最佳的經濟效益。因此，展覽結束後，順道拜訪鄰近的客戶，成為企業拜訪客戶的熱門方式。不但能增進合作情誼，了

解其營運狀況，更能掌握該客戶在當地市場推廣產品的實際狀況，增加商機。

拜訪客戶的行程，一定要事先跟客戶約定，行前安排妥當為宜，拜訪時間的長短，可視情況增減。如果展後客戶資料，已有其他人帶回公司，進行展後追蹤作業，則拜訪行程可做長時間的規劃，甚至可到鄰近國家做巡迴拜訪；但如果參展人員同時也需作展後追蹤時，則拜訪時間不宜過久，以七天內為宜，最長不超過十天，以免耽誤處理會後客戶追蹤。

考察當地市場做市調

上述的展後拜會，適合在當地已有合作的客戶，展會後除了拜訪客戶，也可考察當地市場做市調，藉由實地觀察當地市場的消費趨向，判別市場的脈動，對未來研發新產品極具參考價值。

對於剛起步在新市場推廣產品的企業，考察當地市場更是必備的重要功課。除了評估當地市場是否為適合的目標市場，更可進一步調查適合該市場的產品，以便在行銷產品時當作參考依據。

10.2 回國後階段

展覽會後追蹤作業

追蹤方式

展覽會後，必須進行客戶追蹤作業，這是展後行銷的重要一環，包括：親自拜訪、電話聯絡，及書信追蹤等方式。一般以書信追蹤最普遍，尤其現今網路普及，利用 e-mail 聯絡，更具時效性。首先，須發感謝函給訪客記錄表上所有的客戶，處理客戶要求的代辦事項。

追蹤順序

追蹤回覆的順序，依接待記錄表上註明的客戶等級，A 級客戶或註明亟需回覆的客戶優先處理，再依序逐一回覆。必須特別注意的是，展覽國當地的客戶，可立即回覆；但對於其他國籍的客戶，尤其針對一些較有潛力的重量級客戶，在展場洽談時，便可先詢問其行程計畫，以利日後能正確掌握進行追蹤作業的時機。

追蹤技巧

1. 對於新客戶應先提及在哪個展覽會上洽談過，感謝客戶的參觀指教，喚起客戶的印象；對於舊客戶則直接寒喧及道謝。展後致謝函不僅是商務禮節，更是促進雙方建立良好關係的開始。

2. 延續會場所談的話題，回覆其現場的要求，例如特殊條

件的報價、新品研發案、寄目錄或樣品、產品技術問題
的答覆、交易條件的變更等，履行在展場所承諾的事
項，若其中部分事項尚無法回覆，也必須給客戶回覆的
期限。

3. 一段時間後，針對重點的潛在客戶，再進行聯絡，以檢
視追蹤成效。

展後檢討

最了解市場的莫過於第一線的接待人員，憑著他們在展場
上，實際跟客戶接洽的豐富經驗，尤其他們對公司現有產品的
特色及銷售狀況瞭若指掌，在展後提出意見，必能提供對未來
研發的趨勢及行銷的動向珍貴的建議，針對參展後的檢討，可
根據下列要項分別進行討論：

1. 攤位：面積大小、展館位置是否適當；裝潢設計及施工
品質是否按原先計畫等。

2. 展品：所攜帶的展品項目及數量是否適合，以展品詢問
度高低為序做評比，加上客戶的建議，或觀察競爭對手
的展品並與之比較。

3. 宣傳：包括目錄海報等文宣是否充足，搭配的廣告是否
有效，宣傳贈品是否合適等。

4. 買主：接待訪客總數量、分佈地區、喜好的商品及建議
等；買主依有效與否分等級，數量個別統計。

5. 人員：包括公司指派的人員、現場臨時人員，人數是否
恰當、表現是否稱職等。

6. 預算：實際花費是否跟預算符合，如果超支，提出原因，以備下次展覽時，可擴充預算。

7. 整體展覽：包括主辦單位、運輸公司、裝潢公司、旅行社等相關配合單位的服務，是否有改進的空間等。

成果報告

　　基於績效原則，公司最關心的議題即展覽成果，根據成果報告可做下次參展的依據，去蕪存菁，使展覽效益逐年遞增。

1. 接單情況：現場接到訂單的數量，即做後續訂單的預估報告，不過剛開始參展的企業，除非其產品是極具潛力的新開發產品，否則現場可能較難接獲訂單，要接獲後續訂單必須經過一段時間的醞釀。

2. 參展效益：參加國外展覽，往往花費甚巨，除了有些企業初期是以打形象廣告為參展目的之外，一般企業均會計算參展所得的訂單及客源，是否能與所花的參展成本相抵。

3. 達成目標：如前所述，參展的目標會因各企業的行銷企劃不同而有所差異，除了接單及開發新客源，可有具體的數據得知是否達成目標，其他像是建立品牌形象、維持企業知名度、新產品測試市場反應等，則無實際的數據來呈現績效，唯有從日後的接單情況，才得一窺端倪。

Part 3
人員的
專業訓練

11
專業人員訓練的重要性 ─

▟ 11.1 適才適用 ▟

　　國貿人員與其他專業人才一樣，需要具備多元化的專業技能、專業的國貿知識、外語能力，以及個性是否適合從事這樣的工作。找對了工作、選對了舞臺，適才適用，各司其職，才能勝任愉快。優異的國貿人才總有許多特殊的人格特質，像喜歡接受挑戰、思考正面是國貿人基本的「DNA」之外，積極主動、求知慾強、禮貌周到、耐心圓融等都是必備的人格特質。如果你具備上述多數的人格特質，歡迎加入國貿人的行列。

　　有人認為，通路的多元化、大型量販的發展，會取代業務人員從事行銷，然而技術與環境的改變，只會使行銷業務進行的方式與內容有所改變，而不會減損其目的與重要。現代的業務人員，不只要做一個行銷員，更要做一個服務員，同時是個

客戶可信賴的朋友。專業的顧問業務是與人接洽的工作，工作面向複雜而多變，尤其國際貿易業務，面對的是外國人，除了語言不同，還有文化背景、思想觀念等諸多差異，唯有透過一系列完整的訓練及篩選，方能讓合適的人才盡速進入狀況，並在職場上盡情發揮。適合從事國貿業務的常見人格特質如下：

格局大，視野廣

格局大的人看事情及處理事情，會將眼光放遠，不拘泥於現況，樂於分享，不藏私，不汲汲營營於眼下的利益，而能放長線釣大魚。

積極主動，熱情不減

事必躬親者，或許會被稱之為勞碌命，但續航力不減的熱情，不但積極主動的態度能被認同，也能忠實反映在銷售產品上。

語言能力、溝通能力及表達能力

儘管天生的語言能力、溝通能力及表達能力不佳，但透過後天的訓練與努力，仍可有效改善，進行商業洽談時，始終能謹言慎行，多傾聽、多學習。

良好的 EQ（情緒商數）及 AQ（逆境商數）

先安撫心情，再處理事情，時時學習控制衝動，不讓情緒影響判斷及決定，要有接受失敗與考驗的能力與準備，尤其面

對詭譎多變的國際交易與形形色色的客戶，得適時調整心態，能以圓融的態度應對及解決問題，面對難題較容易迎刃而解。

良好的人際關係

俗話說：「人脈即錢脈」，平時個性開朗與人互動佳，較能締結好人緣。在多變的國際情勢中，訊息的掌握很重要，而許多訊息的來源，仰賴廣闊的人際關係。因此，積極建立人脈網，不斷累積人脈存摺，不但對處理事情有益，更能豐富人生經驗。

細心敏銳及真誠態度

商場如戰場，必須有敏銳觀察力，隨時嗅出交易過程中不尋常之處，妥善解決，避免危機。面對不同的國際客戶也能彈性調整，完全掌控。另外，直接面對客戶的一線業務人員，謹記誠信的重要性，一旦取得客戶的信任，日後往來溝通，較能易如反掌。

不斷學習持續精進

科技日新月異，商場如戰場，停滯不前就是退步，不斷學習有助於「專業之內內行，專業之外不外行」。專業之內的知識讓客戶考不倒是基本功；專業之外的話題，亦能侃侃而談，恰如其分，應對得體，絕對能讓客戶印象深刻。

健康的身體

國貿業務常需往來各國出差，不管是參展或洽商，時差混亂、壓力大、工作量沉重、應酬多，容易暴飲暴食，如果沒有健康的身體，很容易累垮。除了平時注意營養充足均衡之外，勤加運動保養，再輔以良好修養，保持身心健康，才足以勝任。

◾ 11.2 展場接待人員的訓練項目 ◾

接待人員是參展成功的重要因素之一，儘管各公司所派出的參展人員，都具備相當的資歷及能力，仍需展前的密集訓練，不但能幫助個人從容應對，也可令所有接待人員更有默契及紀律，尤其是團體參展時，更是不可獲缺的重要訓練。首先，必備的基本概念訓練包含：

與公司相關的資訊

參展人員首先要了解公司的經營理念、歷史沿革、企業願景等，此類企業的背景資料，有助於參展人員洞悉公司的核心價值觀，在接洽的過程中，能將公司理念及政策置入商業行為，篩選公司的目標客戶，也可縮短日後與客戶在合作時觀念的摩合期。

了解參展目的及目標

過去參展的目的，一般而言就是為了接單，如今國際貿易

環境丕變，參展只是行銷策略的一種，隨著企業的營運方向，參展目的也有所改變。除了爭取訂單外，更有建構銷售管道（經銷商或代理商）、建立企業知名度（品牌及形象）、維繫舊客戶情誼、建立新客戶關係、測試新產品市場反應等目的。

除了上述需在展前密集訓練外，以下列出平時即應完成的各項必備專業技能訓練，包含：(1) 產品的專業知識訓練；(2) 國際貿易行銷概念；(3) 展場接待技巧訓練；(4) 接待人員展前訓練；(5) 國際禮儀訓練，及 (6) 國際商務談判等，分述如下各章。

12
產品的專業知識訓練

孫子兵法謂「知己知彼，百戰百勝」，行銷產品前，必須先鉅細靡遺地清楚產品特性、產業現況、通路，以及所有與產品相關資訊的細節，才能恰如其分地進行推廣。各行各業的產品均有其特殊性，充分掌握則有助於抓住推廣的施力點，面對買主的詢問，才能給予滿意的答覆，顯現優異的專業度，增進彼此的合作商機。

12.1　熟悉公司的產品

自身產品與競爭對手產品的優劣

先替自身的產品做 SWOT 分析，以便掌握自身產品的優劣勢為何，清楚目前在市場上，自身產品能握有的籌碼、正面臨的威脅為何，如此能更清楚產品的定位，及找出目標客戶。

若是市場成熟度不高的新產品，競爭者少，可憑藉產品的

創新性，推薦給客戶；若是市場成熟度很高的產品，競爭者眾，產品大同小異，價格呈低價狀態，難以在價格上著墨、說服客戶，所以，改採用競爭對手產品的優劣與賣點，跟自身產品作比較。不過切勿以貶低競爭對手產品作為推銷手法，以免適得其反。

產品特性與適用範圍的融會貫通

了解產品的最佳方法是，自己先行使用該產品，熟悉並充分體會該產品，掌握產品的特性，成為最佳行銷的施力點。親自體驗產品，也是推廣產品前必修的學分，可藉由使用者角度，了解產品的優缺點，在說服別人之前往往要先說服自己。

再者，在買賣雙方交易洽談時，與其讓客戶指定想要的產品，不如由我方主動提供合適的產品，讓客戶接受我方專業的推薦，取得主導權，引領品牌風潮可視為公司的長期目標。

在某些情況下，可進一步告知顧客降低成本的方案，或一些對本身產品有利的產業消息或資訊，給予客人參考（惟切勿洩露企業內部的商業機密），為客戶的競爭力加分，也讓客戶決策採購時，將我方列入首選對象。

產品的內外部品質情報分析

如係生產精密產品，往往很講求產品良率與售後服務。因此，除了解同業產品的品質、優劣點外，更應了解自身產品的品質，以防客戶對品質有疑慮時，無法提出強而有力的說明。產品良率關係與成本休戚相關，而售後服務更是維繫客戶的不

二法則。

　　在產品內部品質控管方面，隨時盯緊品管部門，以確保出廠貨品符合標準。業務人員不可將品質問題置身事外，認為是廠務部門之則，因為在第一線處理客訴的是業務人員，與其善後，不如事先預防，且客訴容易影響日後的續訂意願，茲事體大，不可不慎。

　　在目前競爭激烈的環境下，要取得國外買主的信任並不容易，優異的品質、合理的價格才能讓客戶長期下單。尤其在大陸、韓國，及東南亞的強敵環伺下，我國產品在價格競爭已處於劣勢，唯有以品質及售後服務取勝。品管部門隨時進行實際查驗，定期檢討、修正，務必落實品質的控管，以奠定競爭優勢。

　　關於外部品質情報，則是一項諜對諜的情報工作。從對方的加工廠商、終端銷售商家（如食品的門市、營業據點等），了解消費者或客戶對競爭對手產品的觀感，進而對相關產品品質進行排序，以得知我方產品在客戶心中的名次，避免在推廣的過程中，形成客戶的不信任感。

■ 12.2　產品生產的專業知識 ■

加工技巧及相關技術的專業概念

　　傳產業的工業製品，加工方式種類繁多，金屬類常見有車床切削、壓鑄、鍛造、脫蠟……等機械加工法，這部分關係到品質的精良，須具備基本概念。

　　表面處理也是製程中重要的一部分，常見有電鍍（鍍鉻/鍍鋅等）、電著塗裝、烤漆（粉體及液體）、震動研磨及拋光等。精緻高價產品的表面處理問題，通常是客訴的重要因素，洽談時務必了解客戶要求表面處理的細節，避免出錯。

智慧財產權觀念

　　限於研發費用花費甚巨，惡性循環導致模仿風盛行，為了保護原創者的智慧財產權及產品上市的利基，多數注重研發的企業，當研發出新產品即申請專利，除了保護自己的智慧財產權不受侵害之外，也避免他人搶先申請登記，之後反控原創者侵權，落得啞巴吃黃蓮，有苦說不出的窘境。

　　同時，也要注意及熟悉同業的專利品，以免不小心侵權。另外，產品在申請專利之前，不得先曝光，例如印製目錄、刊登在雜誌上，甚至出售，否則專利申請無效。如發覺有人侵權，可立即採取行動取締，也可在當地海關查扣備案，以維護權利。

熟悉製程及產能

　　這也是業務人員必須學習的重要環節，首先，必須親至製造現場，熟悉整個生產製造流程，對日後產能、交期、技術能力等都能精確掌控。建議新進人員都應先至現場熟悉整個生產流程，從了解原料（胚料）特性、成型、後段加工、表面處理、產品組立及包裝等，這些跟產品相關的專有名詞，尤其是工業產品，技術層面高，沒有全盤了解，較難介紹產品給客

戶。另外，面對客戶的疑惑，也可能一問三不知，暴露缺乏專業的一面，即使無法解答客戶的問題，切記不要裝懂、敷衍，否則會衍生更多的誤會，可坦白告訴客戶，該問題屬於專業的技術層面，需跟廠內的研發或技術部門討論後，才能答覆，相信客戶能夠諒解。

產品的成本結構

除了熟悉上述製程及產能之外，通盤了解產品的成本結構，可引導買方購買我方毛利較高的產件，或欲清除的庫存件。例如，客戶詢問的產品，與我方庫存品屬同類，但花樣或顏色有些許差異，可將客戶要的產品及欲推廣的庫存品，兩者一起報價。庫存件給予較優惠，以增加客戶對價格的落差感。但須先了解完整的成本結構，再行定價，以免一味的清除庫存，反而忽略了企業的獲利性。

也可主動推薦喜歡客製化產品的買主，將我方原有的標準品略加改變。例如更換材質、某些零/配件或加工方式等，不必花費巨額的新品開發費用，卻可享有專屬的客製化產品，不但可降低成本，亦增加競爭力。再者，能當面估價，讓客戶對我方的專業能力信服，建立起更牢固的合作關係。

更進一步，可研究銷售對象過去產品的風格（前衛、保守等）與客戶（採購決定者）偏好的商品（視覺性、功能性、經濟性產品等），提供目前市場的偏好，供研發部在未來開發新產品參考的依據。

掌握當代流行趨勢

每個行業都會有階段性的流行趨勢，尤其消費性產品更是明顯。顏色、花樣、形式及材質，往往會隨趨勢更迭，產品須跟隨潮流才具競爭力。雖然也有非主流趨勢的產品，開創藍海市場的局面，但畢竟是鳳毛麟角，一般行業仍得跟隨流行趨勢，調整產品的研發及製造，更須時時掌握同業的新產品訊息，正所謂「知己知彼，百戰百勝」。

12.3 各種認證及品質規範要求

多數買方會根據產品別，要求賣方出具相關品保及產品品質認證或證明，事先備妥產品所需的認證，以利行銷。目前主要的規範如下：

生產、品保系統制度管理認證

如一般熟知的 ISO 9001:2000；針對交通工具的 TS 16949；航太業使用的 AS 9100；電子業 QC 080000；用在食品、藥品、化妝品及包裝飲用水的 GMP 認證等。

以 ISO 9001:2000 為例，國際標準組織（International Organization for Standardization）將編號 9 系列的品質管理標準，作為國際貿易間對於品質的準則：

1. ISO 9001：通常運用在研發需求較強的製造業。
2. ISO 9002：通常運用在不具研發需求的組裝，及文教服務、娛樂業等。

3. ISO 9003：有關產品的最終檢驗及測試模式。

在 2000 年新版的標準中，已將上述三項合併為 ISO 9001: 2000。

有一點必須釐清的觀念是，市面上有許多產品宣稱通過 ISO 9001 認證，實際上並不正確；因為通過 ISO 9001 認證代表公司（或工廠）管理制度符合 ISO 的品質保證標準，並不表示產品本身是合格可用的。

上述的規範不單針對品質管理制度作規範，也會要求產品本身，例如，食品 GMP（Good Manufacturing Practice）的認證編號是由九個數字所組成，編號的前兩碼代表認證產品的產品類別；3～5 碼稱為工廠編號，代表認證產品製造工廠取得該產品類別的先後序號；6～9 碼稱為產品編號，代表認證產品的序號。

食品 GMP 認證編號採生產線認證與產品認證法，每一項認證產品都有專屬的食品 GMP 認證編號。

產品安全性及有害物質方面的認證

例如：(1) 自行車業所使用「EN 14766 測試規範」，對登山車各部零件的安全性要求；(2)「CPSIA Proposition 65」美國對輸美產品中，鉛、鎘及磷苯二甲酸含量的要求；(3) 歐盟危害物質禁用指令「RoHS」對電子、電機產品中，汞、鉛、鎘、六價鉻的管制。

通常取得這類認證，必須將產品送到公證機構，並取得買家的認可。以臺灣而言，有些認證機構對於外國買主並不承

認，就算取得證書，也徒勞無功。

產品的材質證明

對於重視結構安全的產品來說，客戶會非常重視材料的成分與產地。客戶有時會要求供應商出具材質證明，以確保品質的穩定性。

在國際上，同樣類似的材料會因國家規範的不同，而有不同的編號。舉例來說：材料編號 JIS SUS 410（不鏽鋼），也可以在材料網（http://www.matweb.com）上找到其他組織或國家所定的材料編號，如 ASTM A276、UNS S4100、SAE J405等，成分與處理上會有些許不同。因此，接到類似業務時，最好會同工程人員與客戶，確認材料規格與產地（或供應廠商），以免購入素材卻必須報廢的情況發生。

國際交易經常要求之規定

由於國際貿易的多元性及交易的複雜化，買方對賣方的要求，不再只侷限於品質及價格，往往會根據產品別不同、地區不同，提出相關的特殊要求。而為了落實各項關於產品的要求，並確保供應商照章行事，越來越多文具、玩具、服裝、五金、鞋類、雜貨等的歐美進口業者，在進行交易前，會要求查驗其供應商的工廠，一般稱為「工廠查驗」（Factory Audit）。查驗項目包括：人權驗廠、反恐驗廠、歐盟環保指令（WEEE 及 RoHS）及突擊驗廠等。只要跟對方交易，就必須按其規定，依序提出相關的合格文件。在報價前，應先清楚

對方是否有何特殊要求,因為有些要求所費不貲,容易造成成本負擔,不可不慎。列舉較常見的特殊要求如下:

商業人權規範（The Human Rights Norms for Business）

隨著全球人權保護意識的高漲,公司對人權保護的責任成為不可避免的商業情勢。因此,在一些已開發國家或特殊的案例中,會要求一些與產品本身無關的要求,例如人權。「聯合國人權商業規範」中提到商業活動中對於人權的八項基本規範如下:

1. 反歧視。
2. 保護戰爭中的人民及法律。
3. 安全人員的濫用。
4. 勞工的權力。
5. 賄賂、消費者保護及人權。
6. 經濟、社會及文化權利。
7. 人權及環境。
8. 原住民的權力。

供應鏈安全管理——C-TPAT

隨著國際貿易的流通,供應鏈安全不再是自掃門前雪的情況,應考量不同國家的安全需求,進行自身的供應鏈安全規劃。美國 911 事件的發生,不僅震撼全球,更使得以美國為首的全球供應鏈,特別關注商業貨物運輸程序的安全。為了因應 911 事件,特別重視反恐的運輸安全計畫,一項由美國海關推動,與進口商、物流業及製造廠商合作參與的供應鏈安全管

理──「C-TPAT：海關－商貿反恐怖聯盟」（Customs-Trade Partnership Against Terrorism），其內容涵蓋八大範圍：(1) 程序安全；(2) 資訊處理；(3) 實體安全；(4) 存取監控；(5) 人員安全；(6) 教育訓練；(7) 申報艙單程序，及 (8) 運輸安全。目前出口至美國的供應商，常被要求填具 C-TPAT 表，以符合買方，一同鞏固供應鏈整體安全的要求，供應鏈安全儼然成為全球採購要求的一部分。

歐盟 RoHS 環保指令

RoHS 指的是「危害性物質限制指令」（Restriction of Hazardous Substances Directive 2002/95/EC; RoHS），是歐盟在 2006 年 7 月 1 日起生效的一項環保指令，主要規範電子產品的材料及工藝標準，其目的在於限制產品中的六種物質，明訂這些物質需限用及其限值，以保護人類及環境的安全與健康，對許多企業帶來相當大的挑戰及衝擊。雖然 RoHS 是歐盟指令，若其產品最終的銷售地為歐盟會員國之外的生產者，也必須遵守 RoHS 要求。

生產零件核可程序──
PPAP（Production Part Approval Process）

客製化生產的時代來臨，針對客戶的要求開發新產品，量產前供應商透過 PPAP 程序證明，正確理解客戶工程設計記錄和規格的所有要求，相關生產計畫與量測系統，為 QS-9000 中的一個重要部分。

PPAP 通常分五個階層（Level），其中又以 Level 3 最常

被要求。其出具內容包括：保證書、樣品、圖面、檢測結果、實驗室檢測報告、外觀驗證報告、製程能力（Cpk）、製程管制計畫、量具再現性與再生性（Gage R&R）、失效模式效應分析（FMEA）、樣品要保留等。

產品責任險

　　全球消費者意識提高，以保護消費者為主要目標的產品責任險，成為進口業者要求的重點，尤其是大型連鎖企業。美國向來對消費者保護不遺餘力，多數產品要進入美國市場，加保產品責任險是必要的，最常見的保額大約是美金二百萬，一年下來大概要支付約臺幣十多萬的保險費。況且好興訟的美國人，一感覺權利受損，立刻提出客訴，央求賠償，一旦出險，隔年的保險費立即增高，常令一些供應商對負擔此巨額的費用，苦不堪言。供應商必須先想清楚，因為如果交易的金額不大，並不符合經濟效益。

13

國際貿易行銷概念 ──────

▗▖ 13.1　開拓國外市場前置作業 ▗▖

市場區隔

　　推廣產品進入市場前，宜多做功課、蒐集資料、明白各區
隔市場產品的銷售狀況，在尋找推廣市場及買主時，根據產
品，尋求合適市場區隔，以利有效推廣。歸納較常被考量的因
素如下：

地理區域

　　無可改變的地理，常為了距離因素，而改變交易策略。尤
其近年來原油高漲，運輸成本增加，全球化的進一步發展受
限，促成「近鄰效應」。體積大、重量重的產品，買主往往選
擇近鄰採購，例如家具業、鋼鐵業，皆以地理區域考量為首
要。

消費能力

　　非生活必需的高價品或奢侈品，消費能力佳的客群才有購買意願。這一類的產品價格高，必須要有買主肯定的附加價值，才會考慮購買，例如珠寶業、醫藥業、生技業等。

價格敏感度

　　市場上成熟度高的產品，差異性不大，買主對供應商忠誠度低，在競爭者眾、替代性高的情況下，價格敏感度越高。產品價格稍有調漲，消費者馬上轉向選擇其他廠商，例如食品業者、石化產品業。原物料的波動劇烈，常使成本驟增、價格上揚，廠商應注意開拓國外市場時，選擇對此類產品價格敏感度較低的區域，或是藉由開發新產品價格的拉升，來彌補原有產品損失的利潤。

市場研究──選定或瞄準目標市場

　　以目標市場為開拓業務起點，幾乎是拓展外銷業者的共通方式，確定目標市場的方式，集中資源，致力深耕此一市場，以期達到事半功倍的最佳效果。

以產品市場成熟度爲標的

　　市場成熟的產品，例如禮品文具、手工具、五金零件等，很容易發掘；但若是市場不成熟的新產品，像市面上沒有的新發明或專利品，在初期要找到目標市場較為困難，需要藉助市場調查來確定。

以經濟區塊分隔為標的

像食品或宗教用品等，有關文化背景、民族性的產品，以同一個經濟區塊的國家為首選。例如，若要推廣米食，便以日、韓、中等國為標的；產品體積大或低價的產品，像是家具、大型塑膠製品等，可考慮以鄰近的經濟區塊為目標市場，以亞洲地區取代歐美地區。因為近年來油價居高不下，運輸成本驟增，成為全球化的最大壁壘，買主紛紛將採購移回本國或鄰近地區，以節省運費成本，造成鄰近效應的衝擊，及對全球化採購的重大挑戰。

產品定位

中小企業在初期開拓國外市場時，通常是以生產導向為主，生產標準化產品，或當國外客戶的代工廠，早期憑藉著不懈的努力，而開創了臺灣的經濟奇蹟。不過，隨著中國及東南亞的崛起，產生激烈的競爭，生產導向的企業紛紛到對岸投資設廠，臺灣的工廠則逐漸轉型為行銷導向，研發新產品，以產品差異化為訴求。通常企業在轉型初期，可將產品定位在生產導向及行銷導向並行，日後則根據實際的市場狀況，逐漸調整兩者的比例，如果市場態勢明顯，亦可為公司在生產導向或行銷導向擇一定位，以利通盤準備，全力衝刺。

符合國際市場趨勢

目前臺灣面對國際市場勝出的關鍵是，量少、樣多、彈性生產、應變快。為求符合世界的採購趨勢，以往對這種被國貿

人戲稱為「中藥單」的訂單很苦惱，但在面臨中國低價策略，及東南亞激烈競爭的夾殺下，臺灣廠商在生存攸關之際，以結合客製化的能力，符合先進國家買主質精量少、講求服務的訴求，開創出一條藍海之路。如此一來，逐漸擺脫價格戰，獨樹一格，例如成衣業、雨傘業及工具機業等，都因此再度活躍於國際市場上。

行銷方式及預算

推廣產品進軍國際的方法日新月異，早期提著公事包全球跑透透，土法煉鋼的方式，已無法跟上國際貿易快速的腳步。因此，現今藉由雜誌廣告、網路廣告、參展等行銷方式達到交易目的已相當普遍，不過仍必須視企業規模、政策走向及所能分配的資源，才可進行行銷方式及預算的擬定。

擬定良好的售後服務

拜產業全球化之賜，國際交易日益頻繁，範圍不斷擴大，競爭逐漸激烈，買主選擇性多，不但挑剔品質及價格，先進國家買主更將售後服務視為決定採購的重要因素，但這也是臺灣廠商的新契機，可與對岸中國競爭的一大利基。現今即使是製造業，也紛紛服務業化，建立良好完整的售後服務機制，以確保日後維繫客戶關係。

▰ **13.2 成功的行銷組合** ▰

提起行銷組合，多數人立即聯想起麥克卡提（McCarty）所主張的行銷 4P——產品（Product）、價格（Price）、通路（Place）、促銷（Promotion），但國際貿易市場上競爭激烈，變化因素多，在考慮行銷組合時，必須更周詳縝密。

成功的行銷組合，就是在衡量各種優劣形勢後，運用各種策略，創造有利形勢與行動，以中和競爭者優勢，並投入足夠資源，發揮我方優勢，出奇制勝。

產品

熱賣的商品有兩種：一種是比別人便宜；一種是別人沒有的。產品與眾不同，在不消耗大成本的廣告運作下，讓企業達到市場規模，這也就是美國行銷大師賽斯・高汀所謂的「紫牛商品」，像目前的熱門明星產業，包括：環保節能產品、生化科技、醫療相關及保健系列等獨特研發的產品。

產品若屬一般商品，就要尋求如何創新與改造，使與其他同質性產品產生差異化，有利於搶攻市場，可採取下列方式：

現有產品新定位或瞄準新區隔市場

產品本質未改變，主要改變產品的使用方式、使用習慣，以及產品性格，使消費者對產品有新的認知。過去臺灣製產品總被定位在路邊攤販售的低價品等級，近幾年致力於提高品質，不斷改良的努力下，終於讓 MIT 產品一躍為精緻優質的

精品，例如自行車、琉璃精品、法蘭瓷等。

產品線延伸

將原有的產品線，橫向（同質異業）或縱向（同質同業）延伸：(1) 橫向延伸：例如自行車碟煞業者，延伸製造與其同屬自行車金屬加工製造類的前叉、花鼓；車床業者延伸製造沖床、銑床等；(2) 縱向延伸：例如玻璃加工業者，可延伸製造玻璃相關製品像家具、生活用品；化妝品容器可延伸製造化妝品容器印刷（如移印、雷雕）及包裝盒等。

專利新產品

實現藍海策略，將原有的商品改造，增加產品附加價值或功能，變成新式的產品，開創市場新利基。例如折疊式自行車、太陽能車燈、抗 UV 服飾、便利沖茶器等。最高境界是無中生有，發明市場上沒有的新產品，例如臺灣的「珍珠奶茶」、日本任天堂的 Wii 遊戲機，都是創新的經典發明。

改良包裝

內包裝又稱銷售包裝，不但保護貨品，也提高貨品的價值。一般產品改換精緻的包裝，提高產品質感，往往能引起消費者注目，刺激銷售量。例如精品以琉璃盒包裝；酒以水晶瓶盛裝，讓經過包裝的陳年產品有全新感受。

改變價值及價格結構

普通的商品經過改變之後，賦予新的價值，價格自然水漲船高。例如加工燒製後的竹子，變成搶手的竹碳商品；無用的

牡蠣殼，提煉出健康的食品甲殼素；深海中的海水也可抽出海洋深層水。

市場價格——訂價策略

如何訂出適當的售價，始終是賣方的一大課題，尤其是市場陌生的新產品，不像市場成熟的現有產品，有參考價格可依循。良好的訂價策略是，要確定客戶可接受及賣方也能獲利的價格，也可根據消費者反應及競爭對手的行為，適時調整價格。這並非一蹴可幾，通常要經過多方考量，仔細精算，才能訂出最適當的價格。根據商品不同的特性，可考慮下列的訂價方式：

依產品品質訂價

一般的消費品通常是市場上成熟度高的產品，消費者的需求不一，產品的質感及等級有別，可依據產品品質等級採取高價、中價、低價的訂價策略。

依季節訂價

淡旺季明顯的商品，例如節慶用品、禮品、農產品等，需採季節性訂價策略，淡季時可給予優惠折扣，鼓勵客戶淡季下單。

依通路別訂價

包含進口商、批發商、代理商、OEM 廠、零售商及網路拍賣的價格，清楚通路及上、下游的價格關係，以免報錯層

級，造成市場上相互衝突，例如 3C 產品、自行車業及手工具業，最常遇見這類問題。

依區域或地理不同訂價

進口國不同，市場特質不同，採購習性亦不同。例如印度及中東地區買主，價格是他們採購的主要考量因素，對殺價不遺餘力，且殺價的幅度有時很離譜。面對此類的買主，報價時要先浮報價格，讓對方有殺價空間；反觀日本客戶，較傾向於品質考量，報實際價格即可。

依產品線不同訂價

儘管目前產業強調可為客戶量身訂作「量少、樣多」的客製化產品，然而仍須生產標準品配合，以符合不同客戶的需求。客製化產品可以是高價品，標準品則可採平價策略。

依品牌系列別不同訂價

企業生產多品牌的產品，以符合不同層級客戶的需要，力求一網打盡高、中、低價位產品的各層級客源，一些大型的企業即以不同品牌產品來爭取不同客戶，而獲利無限，像在服裝業、運動用品業、精品業，非常盛行利用多品牌訂出不同價格的策略。

行銷通路及活動

決定行銷通路

目標市場確定後，接下來，須建構行銷通路，各行各業有

不同的行銷管道，各行銷層級不同，採購量及規模均會有相當大的差異，廠商會採取不同報價因應。以下是常見的行銷通路參考：

1. 消費品：常見的行銷通路有，專櫃通路、電視、郵購、百貨公司、自營商、品牌通路等。

2. 自行車：常見的行銷通路有，進口商、批發商、經銷商、零售商、消費者等。

3. 機械類：常見的行銷通路有，進口商、代理商、使用者等。

4. 家具類：常見的行銷通路有，進口商、批發商、連鎖店、飯店等。

促銷商品活動

促銷活動通常是一個楔子，是正式行銷活動的序幕，有好的開端，才能事半功倍。促銷商品活動，可考慮下列幾點：

1. 適合商品：大量生產的適銷品，通常是廠商產品的基本款，簡單易於生產，可大量供貨，由於經常有客戶下單，因此常會生產足量，以備不時之需。此類產品貨源充足，很適合當作促銷活動的商品；另外，過時的存貨，可以低價吸引客戶，當成回饋客戶的促銷活動，尤其是大賣場、連鎖店，經常須配合年度活動推出促銷商品，以招徠客戶。

2. 適合時機：新產品發表會、特殊節慶、客戶的年度活動、國際性曝光率高的活動，參加展覽活動等都是很適

合的時機。

包裝設計

包裝良好的產品能夠促進銷售，是不爭的事實。根據商品特質配合企業形象（CIS）為商品做整體設計，往往引起消費者的購買慾。像女性熱衷的化妝品、保養品、香水及飾品等，越是漂亮的外觀越令女性愛不釋手。另外，小孩也是不容忽視的潛在消費族群，父母疼愛自己的子女，總是不惜斥資來滿足他們，只要印上當紅卡通或話題人物圖案的產品，往往能擄獲小朋友的心。

包裝設計的功效

1. 保護：除了保護必須良好之外，鑑於符合歐盟環保要求，包裝的材質也應符合環保（可分解、不浪費）的標準，這是漸行的趨勢，也是行銷國際的必備考量。另外，由於商品運輸均需跨國，屬於長程運輸，便於搬運、儲藏皆為必須考慮的重點。

2. 溝通與吸引：利用圖像、外觀形狀、主訴求標語、產品名稱的設計，來成功吸引消費者、刺激購買慾、提升商品價值感。例如日本食品、糕點，包裝相當精美，便是一種成功的溝通訴求。

3. 加強品牌印象：包裝即品牌精神的呈現，一看到包裝就聯想到產品。例如以「顏色」來代表品牌的 Tiffany 包裝盒、Hello Kitty 粉紅色的包裝、長榮航空的綠色包

裝、華航空姐的紫色旗袍制服等，都是典型的成功案例。

4. 說明產品使用方式：較需要售後服務的商品，例如電器產品、3C 產品、DIY 商品，包裝盒上應載明產品的功能、成分、附件項目、說明書或圖例操作指導，視廠商情況留下電話、地址、或 e-mail，以方便消費者查詢。外銷商品通常基於進口商的要求，不能註明製造商的資料，甚至有進口商要求不能出具製造國名及商標的中性包裝（Neutral Packaging）。

品牌策略

品牌的整體涵蓋範圍廣大，猶如一座巨大的冰山，表面上看得到的商標（Logo）及標語（Slogan）僅僅是露出海面的冰山一角而已，更廣大的意義是，隱藏在海面下的策略（Strategy）、體制（System）、管理（Management）、文化（Culture）。

自創品牌

臺灣目前由勞力密集產業轉型為高附加價值產業的階段，一直努力於擺脫廉價商品的形象，加上多數的臺灣外銷廠商都是規模不大的中小型公司，非龐大的跨國企業，若想要在國際市場爭得一席之地，自創品牌是外銷廠商開拓國際市場、行銷全球的必經之路。

燒錢的代價

　　品牌的創立，往往必須付出燒錢的代價，尤其是成為眾所周知的國際級品牌，更是需要投入巨額的花費。除非是資金雄厚的跨國企業或財團，可砸下巨資猛打廣告，在短時間內獲得知名度。國內一般的外銷廠商還是透過各種行銷方式，例如參展、雜誌廣告、網路行銷等方式，以時間換空間，一步一腳印，逐漸地將自創品牌的知名度打開。一旦成功，即能坐收掌握市場之利。

廣告

廣告的效力

1. 廣告一次就可能接觸到許多潛在客戶，也是建立知名度的有效方法。
2. 廣告管道及方式選擇多元化，例如平面的報紙廣告、雜誌廣告、DM、參展、網路等，運用之前，應根據預算及策略先評估適合的方式。
3. 不論廣告的方式為何，必須有計畫性及持續性，一旦半途而廢，則前功盡棄。
4. 好的廣告必須充分表達出產品的調性，也必須充分結合產品特性與消費者的需求，才能有效達到廣告效果。

廣告的方式

1. 專業雜誌廣告：國際專業雜誌、當地專業雜誌。
2. 網際網路廣告：登錄專業網站增加曝光率、加入搜索引

擎讓買主易於搜尋、至各國貿易網站或工商協會主動搜
尋潛在客戶。

3. 參加展覽：國際專業展、當地專業展、當地綜合展。

4. 參加貿易訪問團，赴國外宣傳廣告。

5. 參加國際性競賽，或贊助國際性比賽，增加曝光率。

6. 透過外貿協會駐外單位的宣傳廣告。

廣告的預算

有心推廣國外市場，預算通常不能太低，越有效的廣告方
式相對花費就越大。預算可以精算規劃，但不能過分節省，切
勿相信免費的廣告，因為免費方式不是無效，就是之後要付出
更大的代價，不可不慎。

媒體傳播的助力

廣告無法讓消費者清楚了解或相信產品特性時，媒體報導
可以更深入地解說創造話題，強化產品印象，讓消費者產生期
待，藉國際性活動（奧運、國際球賽、嘉年華會），無遠弗屆
的力量，迅速打開知名度。臺灣每年的大甲媽祖繞境進香，正
朝向國際化活動的方向，日後在達到一定的規模時，可參考國
外的經驗，在舉辦嘉年華會時一併舉辦相關產業的國際性展
覽，以吸引國外買主及觀光客蒞臨，一舉數得。

良好的客戶關係管理

服務業講求的客戶關係管理，現今已廣泛地被多數行業採

用，國際交易更是需要藉由良好的客戶關係管理，找到對的客戶，且持續不斷維護往來合作關係。

　　CRM（Customer Relationship Management）是傳統的客戶服務（Customer Service）升級版，服務層級更上一層樓。在企業 e 化的管理下，建立完整客戶資料是輕而易舉的事，記錄內容詳盡，利用電腦統計的成交記錄、出貨記錄、客服記錄、客戶資料與特質，以及意見反映記錄，主動而持續的與客戶保持聯絡。

確認客戶何在及區隔

　　透過 CRM 的資料分析，能得知潛在的客戶在何處，更能進一步對客戶進行區隔，留住最有價值的客戶，唯有持續忠誠度方是獲利之鑰。

客製化專人服務

　　國貿業務以分區控管，各區由專人負責，單一窗口主動提供產品及服務，告知國外客戶新產品、新訊息、與優惠活動，讓客戶隨時能找得到專屬人員，輕鬆獲得亟需的服務、享有受重視的感覺，與客戶像朋友般地互動，不但可增進與客戶合作的默契，進而建立及維持長期互利的關係。

外國客戶的追蹤服務

　　依據資料庫詳實的記載，按照標準程序進行，客戶的疑難雜症，包括抱怨、客訴等，都能按圖索驥，立即解決。即使是人在異鄉的國貿業務，在他人代班的情況下，也能夠立即提供

客戶回覆及完善的服務。

■ 13.3 開發潛在客戶的方法 ■

如何找到潛在客戶

根據市場分析

由主要市場著手

若屬兵家必爭之地的市場，不必花時間做市調，就可清楚知道市場在哪裡，因為是很成熟的市場，買主通常需要客製化產品，需求量大。也因此會有市場完全競爭、價格低、買主姿態高、要求繁瑣，及未來風險高（雞蛋放在同一籃）等問題。確定主要市場的管道，可由業界龍頭走向、展會狀況，及國際經濟消息一窺全貌，以歐、美、日等已開發的先進國家為最常見的市場。

由次要市場著手

次要市場範圍廣大，需要經過一些判斷才能選定適合進入的市場。次要市場對於我們要推廣的產品，可能還未完全普及化，甚至很陌生。市場處於不完全競爭或完全不競爭的狀態，這對供應商有利，有主導性的優勢，市場潛力佳，市場上通常需要標準（規格）化產品。不過也有缺點必須克服，像是開發的前置作業時間長、費用較高、客戶喜好難捉摸且多元化、數量需求少、樣式要求多。確定次要市場的管道，必須經過市場調查才能獲知，資料的獲得可由外貿協會（TAITRA）市場調

查處查詢、私人機構鄧百氏（Dun & Bradstreet），甚至也可透過預先參觀展覽，留意國際經濟情勢及消息。目前眾所矚目的次要市場，像是金磚四國、中東、東歐等頗具潛力的國家。

根據通路分析

終端產品製造者

依產品性質判定適合的通路，一般而言如果產品是終端產品（Finial Product），比較容易找到較廣泛的外銷推廣通路，例如自行車成車、家具、文具禮品、機械及食品等，可找進口商、經銷商或連鎖店等，甚至連網路商店都是可行的通路。

零組件或配件製造者

如果是零組件（Parts, Components）或配件（Accessory），就必須多費心，尋找使用這類零組件的成品製造廠，或是維修市場（After Market），例如生產光學鏡片公司，就找需用這類產品的設備，像是投影機、掃描器、數位相機、手機的製造商；車架、花鼓、煞車器、輪胎等自行車零件，除了可銷售給成車廠外，還可賣至維修市場。

根據產品分析

產品類別的廣度方向

開發適用於不同行業的產品，增加產品的廣度，尤其產品若能跨及前瞻性佳的熱門明星產業，像是環保、醫療、生化科技等產業，吸引不同屬性產業的買主，甚至開發跨產業的產品系列，潛在客戶必不虞匱乏。且潛在客戶若分佈在不同產業，在各產業消長之際，還有避險趨吉的妙用，例如玻璃原版加工

廠，可生產家具用玻璃、藝品用玻璃、環保節能用玻璃及建築用玻璃等，橫跨數個產業。

產品類別的深度方向

針對適用於各產業的產品，研發更多種類，尤其是附加價值高（技術層面高）的功能性產品，增加產品的深度。例如布類製造商，可開發附加各種功能的布料，像是添加竹碳、遠紅外線、抗菌、抗 UV、耐髒等功能，以收增廣客源之效。

潛在客戶開發技巧

門面形象

俗話說：「工欲善其事，必先利其器」，網站是現今 e 化企業的首要門面，輕忽不得。網站在所有行銷活動中佔很重要的地位，互不相識的買賣雙方往往先瀏覽彼此網站，藉以判斷對方的概況。這是重要的第一印象，通常初次印象不佳，後續很難扭轉情勢。網頁設計務必令人耳目一新，且符合企業的產業別及產品特性水準，可視需求加入更多科技、互動的功能，像是：(1) 客戶要求報價、客戶規格資料上傳、線上設計等功能；(2) 加入最新活動訊息、分享成長資訊，例如參展計畫、新品完成、競賽獲獎等；(3) 現有的知名客戶曝光，以提高知名度；(4) 精密設備說明是優良品質的最佳佐證等。

產品方面

產品是開發客戶最重要且必備的要項，要有「引君入甕」的產品，意即種類多、範圍廣的產品系列，這樣一來，我方的

研發及客製化能力將展露無疑,容易受到潛在客戶的青睞,促進合作的機會。

市場方面

必須根據各個不同的市場採取不同行銷策略、產品差異化,儘管主要市場開發已呈飽和狀態,但仍不可輕忽,須維繫既有的市場,否則會逐漸萎縮。一旦主要市場業績萎縮,且次要市場的開發未成氣候,公司營運會產生困難。關於次要市場的開發,儘管比主要市場困難度高,但仍得克服困難,盡力採取積極方式拓銷,堅持實行「舊市場不能放,新市場持續闖」的信念。

買主方面

在眾多的買主中,如果能爭取到該業界知名的大客戶,尤其是世界知名的,不但能成為宣傳口碑,對於提升企業的知名度也有莫大助益,開拓業務更是如虎添翼。惟須注意,這種大客戶的訂單不要佔公司營業額比例太高,最好不超過總營業額的五成,以免萬一對方轉單,將危及公司正常營運,切記分散風險才是企業永續經營的不二法門。要與大客戶合作之前,公司的格局及狀況應先佈局好,例如工廠設備、產能、品質,及該有的認證等,也有許多廠商,經過跟大廠合作期間的淬鍊,將公司逐漸改造成符合大買主要求的標準及格局,收穫頗豐。

方式技巧

知道目標潛在客戶在何處之後,接下來,就是如何跟對方

搭上線。除了透過各式各樣的廣告外，特殊的大買主需透過中間商牽線，其他潛在客戶則需要業務人員積極、熱誠的態度引起買主青睞，死纏爛打未必有效，宜運用具技巧性的恆心與毅力，和買主建立良好互動，進而開啟商業合作的關係。

開發方式介紹

積極方式

雖花費較高，但屬較有效的方式，開發預算可多種方式合併使用，預算有限則可交叉使用，開發客源一定要持續進行，尤其當今的國外客戶忠誠度不高，些微的價差或小細節就可能轉單，持續開發新客戶，才能維持業務的運轉與成長。

1. 參展：可根據行業或產品的屬性、欲開發的客源，分別選擇專業展、巡迴（消費）展、貿訪團等各式的展覽。

2. 廣告：可利用刊登雜誌廣告或網路廣告招徠潛在買主，應多方打聽何種廣告媒體的效果較好，切勿貪小便宜，無效果的廣告，再便宜都無法獲利。

3. 仲介：可經由各相關產業公會（商會）介紹、客戶介紹，或中間商介紹，尤其一些大型買主，通常由中間商居間牽線，成交的機率較大。

4. 出國拜訪：約客戶至飯店洽商、到相關的各大展場上主動出擊，自我推薦開發新客戶、參加國外產業相關的研討會等。

消極方式

　　利用下列管道蒐集國外買主資料、寫開發信、找潛在客戶：

　　1. 專業廣告媒體的買主資料庫查詢。

　　2. 國外工商會進口商名錄。

　　3. 網路搜尋客戶資料。

　　4. 外貿協會（TAITRA）進口商資料庫。

　　5. 各國的電話簿。

　　最常用在剛開始進行國外拓銷的業者，一來這是最簡便的方式，二來費用較經濟。但是由於資料來源的有效度無法掌握，因此容易事倍功半，不過這是開拓國際市場之初，無可避免的情況。

必要的定期追蹤

　　定期追蹤並不是為了工作上的議題，而向客戶催促回覆，而是問候致意為主，儘管是以商業目的為出發點，卻要不著痕跡，喚起客戶對我們的記憶。

追蹤的方式

　　1. 電子郵件：目前最普遍的方式是採 e-mail，若客戶始終不回覆，為了防範未然，盡可能要客戶的 Skype 或 MSN 等便於聯繫的網路溝通工具，以備不時之需。

　　2. 電話/手機：以電話追蹤並不是很理想的方式，一來費用高，二來可能客戶正忙碌，有打擾之虞。一般而言，

除了熟稔的客戶，可偶爾以電話問候外，遇到重大緊急事情必須盡速聯絡上客戶，仍以電話聯繫最具效率，亦不唐突。

3. 信件/傳真：此方式漸不流行，可採定時、特定節日郵寄賀卡方式，喚醒客戶對我們的印象。

追蹤的原因

1. 舊客戶：一段時間未下單或未聯絡，必須去信查明原因，可能的原因有：產品尚未賣完（滯銷跡象）、對我方不滿意（產品、價格或服務）、轉單（找到其他供應商）。

2. 新客戶：報價、寄出樣品後，久未回覆，如果在報價後就不回覆，通常的原因是，對價格不滿意；如果收到樣品後音訊全無，大概是對產品不滿意（品質、式樣、功能等）。

追蹤的技巧

具技巧性的追蹤，能夠不唐突地和客戶取得聯繫，更可藉此順理成章達成追蹤的目的，列舉適當的追蹤技巧如下：

1. 節慶問候：除了西洋的節慶，我方一些具有特色的節慶，亦可寄張 e-card 給客戶。像是在農曆年，可寄張代表財運及好運的財神賀卡給外國客戶。

2. 生日問候：尤其對一些比較熟的重量級客戶，通常會在生日時寫信、寄卡片給對方，相信會令對方心頭溫暖，感動滿滿。

3. 新品上市：新品上市時先針對現有的客戶作推廣，不但可聯繫失聯客戶，更可測試新品的客戶反應。

4. 促銷方案實施：告知現有客戶目前實施的促銷方案，不但可搭起再次聯絡的線，也是回饋舊客戶很好的方式。

5. 展覽訊息通知：藉由邀請看展的訊息，如果客戶接受邀請，到此展參觀，則增加見面的機會，召回客戶的機會大增。

6. 獲獎分享：以產品得到某些比賽的獎項為由，伺機跟客戶分享喜悅，也可加深客戶對產品的印象，激起購買慾。

7. 變更通知：例如大至公司擴廠喬遷、開設分公司、併購企業；小至網頁更新、人員異動都是可利用來聯絡客戶的好機會。

追蹤的結果

1. 如果獲得客戶回覆訊息，則根據回覆的內容採取應對措施，切記勿讓好不容易追回的客戶再次失聯。

2. 如未獲回覆訊息，則繼續定期追蹤，至少要讓對方知道，依舊非常在乎彼此的合作關係。因為有些客戶未有即刻下單的需求，所以並不會刻意回覆，但若我方能持續追蹤，則保有合作機會。

建立與客戶良好互動之要點

服務客戶處理技巧

1. 時效之掌握：國際交易瞬息萬變，進程越快速，越容易掌握交易。因此，若無特殊的因素，盡可能「今日事、今日畢」，以免拖延生變。

2. 處理事情順序：可按事情輕重緩急、時差順序，及客戶個性、分量等來處理。

良好的溝通技巧

1. 辨識情緒，沉著以對。

2. 冷靜傾聽，採取對策。

3. 說服技巧，圓融得體。

4. 雙向溝通，避免誤解。

5. 以同理心，感同身受。

6. 達成協議，圓滿解決。

「非常服務」策略

打進紐約上流社會的臺灣女強人陳文敏女士，曾在其著作《穿上顧客的鞋子》（*Put yourself in other's shoes*）闡述以客為尊的服務精神，在製造業均紛紛服務業化之際，多數產業極力推廣客製化產品及服務，專業化服務是要從客戶的需求來思考，提供客戶需要的產品，陳文敏女士力倡用「非常服務」創造出個人專有的核心競爭能力；並針對非常服務提出了「蛋糕理論」論點精闢實用，節錄如下：

企業蛋糕理論

表層奶油花是「一流的應對」；裡層蛋糕體是「客戶需要的產品」；底座則是「優良的服務與危機處理能力」。

個人蛋糕理論

第一層應對態度；第二層展現自己的專業能力與價值；第三層為顧客解決問題的能力；第四層為顧客創造價值的能力。所謂滿意，就是要超越客戶的預期，讓顧客忠誠不移，才算成功。

留住現有的客戶

根據調查，開發一位新客戶所耗費的成本，比維繫一位舊客戶多五倍。舊客戶是穩定業績的基礎，有維繫企業的利潤，才有預算可開發新客戶。因此，開發新客戶的同時，也需致力於穩住舊客戶，重點如下：

1. 適合客戶的優質產品，確保每次出貨都能完美出擊，以維護商譽。
2. 合理的價格為要，尤其是市場成熟的產品，價格通常已經十分白熱化，各家價差不大。
3. 完善的售後服務，一有問題馬上解決。
4. 與客戶保持良好的互動關係。

■ 13.4 國際行銷的發展趨勢 ■

網際網路商務的應用

全球運籌（Global Logistics）利用網際網路使生產者與銷售者緊密地結合成一體，縮短供應鏈，已是國際行銷重要的一環。

貿易資訊傳遞

經由各類網路資訊，讓全球化的國際交易零時差，簡化交易步驟，掌握國際貿易快速、精確的特性。同時在現代的國際交易中，買主的要求越來越先進，要跟一些歐美知名大型連鎖店合作，製造廠必須先讓企業 e 化，才能與採購單位的下單系統連線交易，更進一步與世界接軌。一般而言，最常見的 e 化企業系統包含：

1. SCM（供應鏈管理）：包括 (1) 內部網路；(2) 企業間及企業內部接單、生產、出貨；(3) 廠商間的協調合作關係；(4) 企業內部成本控制等達到效果。

2. ERP（企業資源規劃）：包括 (1) 財務管理；(2) 材料需求；(3) 配銷需求；(4) 製造需求等規劃。

3. CRM（客戶關係管理）：這也是目前國際貿易很重要的一環，強調客戶需求滿足及維持客戶滿意度。

進入全球市場之策略

欲進入全球市場，面對詭譎多變的國際市場，需「研發、

製造、行銷」三方面整合，採團隊作戰策略，才能創造出完美的產品及未來，在國際性市場上佔有一席之地。三方面合作的功效如下：

研發及製造結合

首先，由研發單位進行產品創新、設計可製造的產品、製造流程創新、零組件資源整合，製造單位將研發的概念具體成品化，生產出適用的終端產品。

製造及行銷結合

行銷單位在銷售的過程中，會遇到客戶所提出的意見，製造單位需將產品規格修正至客戶理想中的產品，或是客戶要求降價，則必須將產品及零組件的標準化，以節省模具費，及共用標準零件節省成本。

行銷及研發結合

行銷單位在推廣業務當中，亟需新產品來保持市場的活絡度，行銷單位會有來自買主的需求概念，或清楚市場走向，將這些概念與研發單位協商，幫助新產品開發及產品定位。

國際分工之應用

這是全球資源分配的新戰略，各國因為地理環境、資源及擁有的優勢各有不同，需要靠彼此的分工合作，方能達成最大的利基效應。臺灣天然資源匱乏，但地處太平洋樞紐絕佳位置，又深諳經貿，擅長國際貿易的營運，最適合與海外各國合

作。像鄰近的中國、東南亞，根據其各地區的特色，發展有利的重點產業，並且善用海外資源，連結市場的需求，積極進行全球佈局，不再侷限於狹隘的島內經濟，透過企業海外投資設廠，境外公司（OFC, OBU）的運作，臺灣則為母公司，居中掌控。

▟ 13.5 國際行銷管理的要項 ▟

電子商務分析

企業需建立電子行銷管理系統，從事客戶開發與視訊網路應用、網路貿易辦公室，以因應目前跨國際、跨時差的聯絡溝通需求，像是前述的 SCM、ERP、CRM 等。

銷售區域分析

國際化的市場常須就其各國的區域文化、消費特色、消費習性、當地政府、主政者特色，及各項法規等逐一分析，這往往是進入各市場的重要指南，尤其新的市場，此類資訊分析更顯得重要。

國際客戶分析

國際化的客戶，常有各自特殊的文化背景、個人特色、交易習慣、履約信用、債信問題，針對各地的客戶做好分析歸類，採取合適的應對措施，才能得心應手，事半功倍。

交易條件分析

　　各地慣有的交易條件，包含：價格條件、收款條件、售後服務條件、商標授權條件、獨家代理條件等，常因各地需求不同，須訂定不同版本因應，並隨時微調。

產品價格分析

　　全球貿易已漸入微利時代，買方對產品價格的敏感度逐漸升高，除了特殊產品外，一般產品尤其是市場成熟度高的產品，往往面臨買主不斷殺價威脅，業務在報價時，備受考驗。為了避免訂單流失，對於產品價格結構，像是產品成本、利潤、匯率、運輸成本、進出口稅等必須瞭若指掌，報價時務必小心以對。

定期開會檢討

　　訓練督導、實施業務人員獎懲制度、定期業務個案開會研討，從發現問題開始，找出解決方案實施，最後再檢視實行績效是否符合預期。

13.6　國際行銷進行的困難

競爭者眾，容易形成惡性競爭

　　先不論其他國家的競爭對手，單是自己國內的廠商就如過江之鯽，臺灣人愛撿現成、湊熱鬧的民族性，也普遍存於各產業中。經常造就「一窩蜂」產業，只要哪個產品熱銷，一時之

間，大家就群起效尤，紛紛投入生產，也不管適不適合，短視且缺乏長程規劃，最終形成效益曇花一現、多數生產者同歸於盡。例如之前的蛋塔事件、滑板車事件、現在的農產品、電子業都面臨此種窘況。

產品雷同度高，差異化困難

臺灣商人的一大特性是，喜歡自行創業，也許是基於雄心壯志，或希望有更多發揮的空間，因此，許多產業會出現所謂的訓練所，經常訓練出一批日後自行開業，販售雷同的產品，變成原公司的競爭對手。尤其是傳統產業，進入門檻低，造成很多自行創業的小工廠林立，公司小，資本不雄厚，生產出的產品又大同小異，只能在價格上做流血競爭。

資訊透明化，買主消息靈通

透過全球數以千計的展覽，加上網路的傳達，訊息傳播不但迅速且無遠弗屆，令買、賣雙方資訊更加透明，買主消息也更靈通，找尋貨源更容易，使得買主忠誠度不高，易主購貨的情況時而發生，同業間容易淪為搶客戶，而祭出價格流血戰，這種狀況在傳統產業或市場成熟度高的產品，最為常見。

難以掌控之消費者

企業不喜歡自行研發，喜好模仿，有很大的原因是消費者的喜好難以捉摸，他們對產品的期待高，喜好經常改變，令企業研發出的新品，往往產生「叫好不叫座」的窘況，除非是財

力雄厚、有魄力的企業能持續研發下去,一般小規模的企業,很容易因此棄守研發之路,而走回模仿一途。

缺乏完整行銷規劃

行銷方式一成不變,且抗拒改變,容易有「行銷短視症」(Marketing Myopia)。全球經濟環境不斷在改變,行銷方式一成不變的話,路就越走越狹隘;另外,行銷規劃偏向短期性,不重視長期性規劃,營業額穩定時,容易安於現狀,不積極推廣業務,待營業額逐漸下降時,才開始著手行銷,又企盼短時間就能起死回生,等到最後情況嚴重時,才做出決策,想要大刀闊斧改革,往往為時已晚。

■ 13.7 國際行銷進行的障礙 ■

臺灣企業的型態,跟國外大不相同,加上「傳子不傳賢」的作風,對於走向國際市場,拓展外銷,通常會有下列障礙:

家族企業障礙

傳統產業基於肥水不落外人田的心態下,企業內充斥著自己人,個個當自己是老闆,歧見特多,以管窺天,擋下預算,阻礙行銷計畫,或是將企劃案交由自己熟識的人進行,也不管對方適不適合,這種重交情不重專業的方式,使得事倍功半,甚至一事無成。

眾多股東

　　家族企業或是集資創業，通常面臨股東眾多的問題，各有主見，形成多頭意見，令下屬無所適從，也容易造成歧見，產生紛爭。會議時多花在各股東意見協調上，很多政策一直懸而未決，到頭來企業還是停留在原點，無法向前邁進，最糟的狀況是，股東決裂，各自出去創業，造成更劣質的競爭。

英雄式管理

　　早期的產業，經常是由學徒創業，企業在日後逐漸茁壯成一定規模，一人領袖，不接受專業意見，完全按自己意思行事，可說是獨裁主義者，將所有決定權獨攬其身，最後不但沒一件事情令其滿意，更會使企業腳步停滯不前，對未來的發展影響很大。

資深企業的危機

　　在創辦人培養接班的第二代時，常陷入新舊兩代理念的衝突、決策的矛盾，如果兩方沒協調好，企業營運就會僵住甚至斷層。時代驟變，革新難免，第一代應在大原則不變的狀態下，讓第二代全力衝刺，放手一搏。資深企業另一國際化障礙就是，資深人員問題，這些非常資深的人員，無法符合邁入國際化的一些基本要求，例如具備操作電腦網路系統、外語能力、新技術等，同時管理上也有極大問題，這些資深人員又通常是企業主的親戚朋友，很難要求其進行職訓改造，以符合國際化的要求。

吝於投資創新

　　這種情況容易發生在創業歷史悠久的企業，尤其是經歷過臺灣經濟奇蹟、生意會自動送上門、外銷蓬勃發展全盛時期的老企業，始終緬懷過去輝煌戰績，利潤豐厚的交易型態，很難適應目前的微利時代，想不透為何已經利潤微薄，還需要花大錢去革新產業、研發產品、行銷廣告，無法適應的結果，生意日漸蕭條，最後終將走向關廠之路。

Part 4
人員的參展行銷訓練

14
展場接待技巧訓練 ——

░ 14.1 參展人員的重要性 ░

符合買主的期望

　　現今製造業紛紛服務業化，因為買方採購時的首要考量，除了價格、品質之外，還包括售後服務。而專業又優質的行銷人員，容易獲得買主的青睞，更能避免交易過程中可能發生的糾紛，尤其身在第一線的參展人員，經常是舉足輕重的角色。

　　訓練有素的參展人員，往往是展場最佳的秘密武器。根據調查，約 80% 的買主希望攤位上有具產品專業技術知識的接待人員，同時兼具專業的儀表、合宜的談吐。參展人員的重要性，自然不可言喻，藉由專業的訓練，讓代表企業的參展人員，在展覽會場能夠有更完美的表現。

重要的展場導演

　　如果將展場比喻為舞臺劇，展品是主角，攤位裝潢是佈景，參展人員則是貫穿全劇的靈魂人物——導演。除了選擇對的展覽之外，展品及人員是展覽成功的兩大要素，只可惜許多參展廠商願意花大錢在主角及佈景上，而忽略了重要的成功推手其實是導演。

忽略專業人才

　　尤其在面對外國展時，廠商通常為了節省旅費，只能就地取材，請當地的留學生或是臨時展場翻譯員，甚至商請會說一些外語的親戚充當的情況。這種未經訓練，對公司產品專業技術、經營策略及國貿知識一無所知的生手，充其量只不過是個翻譯而已，無專業經驗，更無商業洽談技巧訓練，根本無法肩負展覽行銷的重責大任，更可能隱藏其他不可預期的風險，讓原本可成交的生意飛了，或是讓交易由獲利變賠錢，最後造成「省小錢，虧大錢」的窘況。小廠商參展最常發生這種情況，至今一直未見改善，國人較不重視專業人才，吝於花錢聘用專業人員。

無全方位行銷能力

　　非專業的參展人員在和買主洽談當中，無法獨當一面，只能逐句為雙方翻譯，給國外買主的印象不佳，對企業本身的形象及參展績效都有相當大的影響。更糟的狀況是，不懂專業術語及國貿條款，忽略原本需洽談的專業內容或交易條件，或根

本不知道要如何談，如此一來原可獲利的交易，可能談成賠本的生意，增加不少交易風險。

■ 14.2 接待人員注意事項 ■

積極敏銳

在攤位上，必須積極敏銳，熱心專業，眼觀四面，耳聽八方。一般而言，多數的客戶會習慣先右轉開始逛展，進入攤位後，如果在一分鐘內未被接待，很有可能就會離開。若同時兩位以上客戶進入攤位，就得快速辨別客戶的層級，安排適當的接待人員；非買主就盡量縮短會談時間，並結束送客，以免影響接待重要客戶。

引導客戶技巧

如果有數位接待人員的話，盡量排班輪流，切勿形成多數人員呆坐接待區，影響客戶入內參觀的意願。當班的接待人員最好站於接待桌後，或於攤位前走道處適時走動，以便引導客戶入內參觀，訪客多時也可注意展品是否被順手牽羊。當主要人員正接待客戶時，其他人員可先支援協助招待，例如送上茶水飲料、遞資料等，然後再回到原來崗位繼續注意是否有其他來訪者，以便接待。

接待客戶注意要點

首先要簡明扼要將公司的競爭優勢及特點介紹給客戶，同

時遞上公司簡介及產品型錄供客戶參考。對談當中，需迅速積極應對，同時給予明確自信的答覆，表示願意與其建立合作關係的熱誠。最重要一點是，對客戶不隨意承諾，但說了就一定要做到，正是所謂的「重諾不輕許」。

勿洩漏商業機密

接待人員還須特別注意同業打探消息的情況，除了提高警覺外，更要小心交談內容，避免被對方獲知商業機密。不過實則防不勝防，尤其如果對方派出碧髮藍眼的外國人充當買主來刺探，根本無從防起，一些菜鳥接待員，很容易被套話。謹記公司的核心技術機密，例如製程、材質或設計等，要小心避談，以免不小心曝光後，遭對手冒用。

單獨看守攤位須知

許多勤奮的臺灣廠商，經常是孤軍奮鬥，獨自前往參展。如果單獨一人在攤位接待，在接待客戶時，宜讓客戶面向內坐下，接待人員則面向外坐下，隨時以眼睛餘光觀察攤位上，是否有其他客戶來訪或其他狀況。見有他人進入，則可向原先洽談的客戶致歉，起身招呼，先拿目錄等資料，請他先自行參觀；與後來進入的客戶簡短談話結束後，再回座繼續跟原先洽談的客戶續談，務必一箭雙鵰，而不輕易讓機會流失。

翻譯人員的注意事項

儘管國際展場通用語言仍以英語為主，但很多非英語系國

家，買主的英語能力通常不太靈光，多數展商仍必須聘請當地翻譯。通常委由主辦單位代聘，就像抽籤一樣，會被分派到怎樣的翻譯人員，完全靠運氣，事先無法掌控。為了符合「外貌協會」的需求，展場翻譯員大多數是當地留學生，年輕有餘，專業度不足，遇到較深層的問題，也翻譯得讓人有聽沒有懂。如果固定參加的展覽，可選較資深的翻譯員，尤其是當地的華人，每年都聘用同一人，不但翻譯員對產品熟悉，同時跟展商也有絕佳默契，效果最好。

14.3 接待客戶的技巧

接待重點

不同方式接待不同客層

　　不同客戶層級應以不同的接待方式，才能有效提高展覽成效。首先，可以輕鬆的問候語打開話匣子開始跟客戶交談、交換名片，不必立即切入產品主題，急於推銷。欲判斷是否為真正買主，一般可從名片上略知端倪；如果無法判別，可口頭詢問對方的職稱及公司行業產品類別，可約略觀察出來訪者實際的意圖為何？如果只是當地居民或消費者，給張目錄或廣告型贈品，留下對方的資料，會後再跟對方聯絡，平均花個 1～2 分鐘迅速結束接待，不要因為非直接買主就不理不睬，忽略接待，但要以最快的速度，給資料並結束談話。

重視消費者反向推銷的效益

當地消費者儘管無法自行進口商品，不過可藉由他們向其進口商要求購買，由消費者反向推銷，成為間接買主。蒐集這些客戶資料，在日後當地有進口商採購時，也可轉交這些資料給他們去推廣銷售我方產品。筆者曾在家具展看過做整廠塗裝機器設備的工廠參展，將表面塗裝處理的成品推薦給看展的家具買主，讓他們去要求家具供應商，購進相同的設備，生產這種特殊表面處理的家具，間接提高塗裝機器設備的洽詢率，展覽成果頗佳。

掌握潛在客戶

如果來訪者是買主，則先花個 2～3 分鐘介紹產品，給詳細目錄及贈品，尤其是 VIP 級的買主，還可應其要求當場給樣品，甚至會後順道拜訪其公司。最後，詳填買主接待記錄表，重複一遍剛才的洽談重點，再道別送客。從頭到尾平均接待每位買主的時間約 7～10 鐘，但如遇上熟識買主來續舊，或來洽談新產品開發、合作案細節，則會花數倍的時間。

潛在客戶資料蒐集

客戶資料務必詳盡

通常國外買主在攤位上停留時間會比當地居民久，因此，對於買主洽談的內容，應詳細記錄、存檔，以方便日後備查。通常可藉由事先準備的買主接待記錄表（Buyer Lead Forms）蒐集買主的資料，約八九成的買主不介意被詢問購買預算、

職位、權責等問題。註明來訪者的性別,檢視名片(或手填資料內容)是否有不詳盡之處,檢查公司名、國名、電話、e-mail、網址、聯絡人及職銜是否完備,尤其是手寫的資料,務必再跟對方確認一次,以求其正確性。

科技幫手,幫助記錄

買主接待記錄表並無標準格式,可根據各行業別的特性,欲獲取的資料而設計,採勾選式的內容會比較節省填寫時間,現在更可利用高科技產品「蒙恬名片王」來蒐集展場名片,不但迅速且方便。

科技時代也讓展場洽商科技化,越來越多企業提供QR Code供客戶掃描產品資料,取代厚重的紙本目錄,就連在展場上商務人士的必要配備—名片,都漸漸以掃描器掃描買主的識別證條碼,因此在展場要不到客戶名片的機率會越來越大。

買主詢價接待及報價技巧

對的價格,只給對的客戶

來訪者一次就詢問多種品項,或一開口就打探價格而不問規格,往往都不專業或只是零售商、消費者,可不現場給予報價,留下對方資料,會後過濾資料再決定處理方式。展商如遇原物料波動過巨,拒絕現場報價,常會惹得買主不高興,可採變通的辦法,給予客戶「Roughly Idea」的口頭報價,會後有意下單時,再給最終的價格確認。現場報價條件,一律以 FOB 為基礎報價,其他如 CFR、CIF 等條件,會後再報。

報價時，買主告知欲購數量，則根據該數量報價；如未告知欲購數量，則依展商的最低訂購量（M.O.Q）報價。展場上避免給買主整系列或書面的報價單，以免對方當成籌碼拿著四處去比價，容易讓我方的報價暴露在競爭對手面前，使商業機密洩露。

付款條件的約定

對於剛開始要建立交易機制的買賣雙方，付款條件是談判籌碼，也是避免交易風險的主要關鍵。尤其對賣方而言，不但期許要接得到訂單，也要能收得到帳款，才算是成功達成任務。目前國貿付款條件由過去的信用狀（L/C）付款，逐漸改由電匯（T/T）付款，因此付款的時間點約定相當重要。

客戶抱怨、異議的應付

良好 EQ 沉著應對

買主認為最完美的交易大概是「大陸的價格，臺灣的品質，日本的服務」，面對買主嚴苛的要求，雖是不可能的任務，優異的接待人員仍要想辦法見招拆招，可別因一時的情緒，誤判情勢，錯失行銷的良機。

最常見的抱怨

買主最常見的抱怨就是價格及品質兩大問題，「價格太貴」更高居第一名。有些買主一聽到報價馬上搖頭如波浪鼓，誇張地說貴別家多少成（30～50%居多），關於此點，首先，

要辨別客戶的真正意圖，真的是價格高？還是未完全了解產品優異性？或是來擾亂的？接下來，才能從容應付，依心理學角度而言，大部分挑剔者才是最有可能採購的潛在買主。

展場議價技巧

通常市場成熟度高的產品，價格大都呈「CD 價」狀態，價差不會太大，沒什麼空間可降價；市場成熟度不高的產品，價差比較大，往往是買主殺價的品項；而新發明產品或專利品，由於市場上沒類似產品，較難比價，一旦買主看上了，通常不太會殺價。展場議價，只要買賣雙方的差距在不離譜的範圍內，可藉由協商取得共識，成交的機會大；如果差距過大，則互留資料，等日後有合適的產品再聯絡。

避免不當的用詞

面對買主挑剔價格高，要強調我方價格實在，千萬別說「Price is cheap」，「cheap」這個英文單字的字義不單指便宜而已，還有粗鄙、低級、廉價的意思，避免自貶身價最好不要使用，改以「good price」、「reasonable price」、「valuable price」、「Cost-effective」替代。

留住潛在客戶買主

不論展覽會舉辦的天數為何，一般的買主，平均只花兩天時間看展，因此大多挑重點參觀，除非是已找到適合的產品及交易對象。在展場上一旦發現潛在客戶，應努力加強接待，延續話題，避免以封閉性問題對談，話題越深入，使其在攤位停

留越久，越有希望成交。加深客戶對自己的印象，但也不要誇大不實，過度推銷容易造成反效果，結束談話前，再重複一次對方需求重點，表現專業級服務。

　　在展場洽談，宜態度誠懇、回答謹慎，對於自身無把握，像是產品技術等專業問題，切勿輕率回答；對於自身權責不及的要求，例如是大幅的殺價，也勿恣意允諾，謹守「重諾不輕許」，以免給客戶輕諾寡信的壞印象，應在會後給予適切的答覆。

跟客戶合照

　　國貿人參展時，面對眾多的外國人，很難一下子記住他們的長相，這跟外國人看每個東方人長得

» 介紹合適的產品給客戶

» 通常潛在客戶會願意坐下來深談

» 跟重要客戶拍照

都一樣的情況相同。在展場跟重要的客戶合照，加深對客戶的印象，方便建檔管理，同時會後追蹤時，可寄給客戶。照片中最好可清楚看到公司名稱或產品，以加強客戶對我方公司及產品的印象。能記住買主的長相，若對方再次來訪時，可立即認出並熱情接待，總會讓對方驚喜，同時也能避免張冠李戴，記錯洽談內容，這是國貿人重要的功課之一。不過限於時間關係，無法一一和所有來訪客戶拍照，也可在攤位上拍一張以自家產品為背景的照片，寄給沒有一同合照的客戶，喚起他們對公司產品的印象。

展場主動出擊技巧

在展場拓銷，為了增加參展綜效或訪客數不多，想積極主動開發更多潛在客戶時，可在展場內找同樣是參展廠商的潛在客戶，此舉不但需要勇氣，更要佐以技巧，以達事半功倍，降低被拒氣餒。

廣大的展場最好分區進行，由跟自家產品相關最集中的重點展館區開始進行為上策，在眾多的展商來來往往的人潮如何找到可開發的潛在客戶呢？可從展商攤位上的展品即可大約了解，是否跟自家的產品類似或相關的展品區，選定相關的參展廠商，即可展開行動，進行拓銷拜訪。

選定對象進行拜訪注意必須向對方解釋來意並尋求對方意願，對方如允諾，則可大方入內進行，此時首要任務必先確定接待人員是採購相關人員或是有決定權者再進一步介紹產品，如果展場上的接待人員，並不是相關的人員，可留下公司的目

» 分區進行展場行銷，宜由重點地區開始

錄及聯絡資料，請求對方代為轉交給採購等相關人員即可，不
必花時間介紹產品。

　　但如果對方拒絕受訪或漠然以對，那就此打住不要勉強行
事，繼續尋找下一個拜訪目標，盡量別在走道上找人介紹產
品，一來被拒絕的可能性高，二來展覽主辦單位並不樂見這樣
的行為，恐會出面制止。

展場如戰場，有備無患

　　展場上到底要不要報價？常常令弱勢的參展者傷透腦筋，
不報價報怕客戶生氣，報了擔心他四處比價，就曾有位智勇雙

全的參展者有四兩撥千金的應對措施

買主:「How much?」（價格如何？）

展商:「How many?」（多少數量？）

買主:「No price no quantity!」（沒價格就沒數量）

展商:「No quantity no price!」（沒數量就沒價格）

這是何等的勇氣與自信，後來此買主不但沒被惹惱，最終成了重要的合作夥伴，

原因就是產品好就「蝦咪嚨唔驚」

15
接待人員展前訓練 ————

▰ 15.1 展場接待技巧 ▰

展覽是個有效率的方式，藉以吸引新客戶及現有客戶，但是，時常難以恰當又有效率的過濾來訪者，確保時間皆用在潛在客戶上。參展投資花費巨大，錢必須錙銖必較，務必將績效發揮極致，才能讓參展更具實質意義，將時間花在與真正的買主交談上，絕對會增加銷售的可能性。

在展場雖可利用發送贈品來吸引群眾，但此舉無法辨識真正的潛在客戶，及評估活動的成效如何，通常只是以攤位上參展人員的直覺做判別。時代進步，方法也日新月異，只要擅用高科技加上一些基本市場交談步驟，將增加參展人員接待功力，讓展場上的過客轉而成為忠誠的顧客！

需要教育消費者的創新產品，市場成熟度低，通常需利用展覽會將新產品推廣給客戶。最有效率的方式是，讓客戶親自

體驗產品或簡介，例如利用觸碰式螢幕科技，增加互動的活動方式，可以增添更多趣味，讓攤位聚集更多人氣，觸碰式螢幕科技是可提高展覽績效的好方法，包括：聚集人氣、篩選客戶、建立客戶資料，及市場調查等眾多效能，可謂一舉數得。

聚集人氣

展示攤位時要營造熱絡氣氛，以聚集人潮。接待人員必須招徠訪客，完整的產品簡介說明只要按照螢幕指示循序按鍵，就可輕鬆看到，或是利用螢幕觸控，讓來訪者只要提供資料（例如公司名稱、姓名、職稱及聯絡資料），加上回答問卷調查，完成後輸入，存入電腦，檔案內的所有參與者，除了現場獲得精緻的禮品之外，在展覽會閉幕前，更有機會抽中參展廠商提供的大獎，提高訪客參觀的意願。

篩選客戶

展場的時間是分秒必爭，辨識正確的來訪者，將時間用在對的客戶上，成為致勝關鍵之一。而觸碰式螢幕內的互動式調查是過濾來訪客戶的最佳方法，只要客戶回答問題後，即顯示出下一個問題方向。

例如，訪客在調查開始時，假如他們現在使用的是：(1) 我方的產品；(2) 我方競爭者的產品；(3) 他們根本不使用這類產品者，他們的答案將會影響下一個問題的關鍵，舉一個詢問參加者的案例如下：

客戶意願調查

(1) 詢價項目：對我方的哪些項目感興趣？

(2) 報價結果：對我方的報價滿意嗎？或有其他理想價格？

(3) 採購歷史：之前曾採購過此產品嗎？採購此產品已有多久的時間？

(4) 其他需求：對其他相關產品是否有興趣？是否需要提供其他資料或服務？

客戶背景調查

(1) 客戶資料：公司名、姓名、性別、職稱、詳細聯絡資料。

(2) 營業型態：進口商、製造商、批發商、經銷商、零售商。

(3) 銷售管道：連鎖店、百貨公司、政府標案、網路銷售零售店。

(4) 採購權力：主要採購人員或是蒐集資料人員。

進一步洽詢的關鍵問題

(1) 年採購量或月採購量是多少？

(2) 您購買哪些款式或品牌的產品？

(3) 您多久採購一次？

(4) 比較喜歡標準產品或客製化產品？

　　上述測試結束後，參展人員可藉結果顯現來篩選，將時間花在有效的指標對象上，提高參展績效。

建立客戶資料

此動態式測試可以讓參展人員辨識，來攤位的參觀者是潛在買主還是瀏覽訪客，而且幫助建立所有到訪參與者的資料庫，不但增加新客戶，且維繫老顧客。由此資料庫，可更了解顧客個別需求現況，而提升客戶服務品質，也可以節省時間在只是前來索取贈品或抽獎的來訪者，篩選攤位上的人群，讓參展人員把時間花在重要的客戶身上。

非語言訊息的判讀

非語言溝通指的是，在與他人進行互動時，除了語言內容所表達的意思之外，我們的表情、肢體動作等所傳達的意義。這是一種心領神會的功力，往往比語言溝通更具效力，通常透過目光接觸、臉部表情、肢體語言，及聲音線索等獲得有效的幫助。

在展覽會場上，根據許多專家分析，參展者應該隨時注意參觀者如何走近展位、站姿如何，及交談時他們的手勢如何等非語言訊息，當參觀者減緩速度並朝展位的方向移動，這是很好的機會，意味著他們可能對我方的產品有興趣。

從剛開始的目光接觸，到臉部表情的觀察，獲得善意的回應後，這往往是交談的開始。接著，在雙方交談中，從某種程度肢體動作可以反映出對方目前的狀態或想法，一旦具有解讀參觀者肢體語言的能力，將成為提升業務洞察力極大的優勢！運用潛意識裡所發出的信號，更是個強而有力的指標，能幫助參展者接近潛在客戶，並進一步達陣成功！列舉常見的幾個肢

體語言如下：

1. 手觸碰臉：表示此人正暗中評估產品的訴求，切記在這個時機點上，不要急於進行額外的交談，讓其專心思考，寧可等潛在客戶有所反應後，再採取合適的回應！

2. 摩擦雙手：這是一個熱切期望的正面訊號，告知對方可以更進一步的討論，尤其是不斷地摩擦雙手，期望程度更高！

3. 合掌拱指：這像是祈禱般的動作，顯示出對方相當自信，同時也表示，所給予的資訊符合他們所需，正是他們想要的！

4. 手臂交疊：這樣的姿勢傳達自我防禦的訊息，也有「請勿打擾」的意味。此時接待人員應減緩介紹的速度，並確認介紹內容是否符合潛在客戶的需求，等客戶放鬆手臂不再交疊，則可以更進一步的交談！

5. 緊握拳頭：這顯然是一個負面的訊息，顯示信心不足或有疑慮，與之前手臂交疊有異曲同工之處，可使用相同的戰術應對，惟應更加留意客戶的反應！

6. 雙腳交疊（翹腳）：這可能意味著潛在客戶已很疲累或不想有任何討論。相同地，試著去減慢速度或稍微退開，並確認言談切中潛在客戶特定的需求。

7. 結束話題的動作：看時間、收拾文件、手握公事包等動作，基本上都顯示潛在客戶想要離開，應盡速歸納重點，結束談話，互道再見。

除此之外，在解讀潛在客戶的肢體語言之餘，必須先確認

自己所傳達的訊息是正面、積極且友善的，例如站姿、言談及
笑容的表達，如能在展覽期間，清楚地傳遞熱情、自信，且透
露正面積極的訊息給所有參觀者，將使自己成為值得青睞、受
歡迎的人。

市場調查依據

剛進入市場的新產品或新參展者，經常需藉助市場調查來
決定或調整行銷方向，動態式測試可將問題設計重點在調查廠
商需要的訊息問題上。會後集中資訊透過分析，讓所有人員獲
取必須的資訊，決策主管可確定該市場是否為目標市場，該擴
大或縮小開發此市場；研發人員可以此為開發新品，或調整現
有產品的依據；業務人員得知買主的關切重點，日後以這些重
點，透過適當的溝通，可以促進買主下單的決定。

15.2 基本的接待會話技巧

現今企業講求與特定客戶發展永續合作的關係，參展人員
如何找出這些客戶，並掌握這些特定客戶，便需安排參展人員
進行相關的培訓。培訓效果雖然有限，因為人格特質是天性，
並非人人都適合從事行銷業務工作，然而適當的培訓，對於專
才往往達到畫龍點睛的效果，對於通才也能收到「臨陣磨槍，
不利也光」的功效。

展場的應對訓練也很重要，根據自家產品先行設計推銷會
話，內容包括：招呼客戶、產品特點說明、現場示範產品操

作、模擬問題與回答演練等。展覽會上常見的五個行銷步驟為：(1) 吸引客戶上門；(2) 辨識是否為潛在客戶；(3) 進入主題及說服；(4) 現場示範操作；(5) 結束會談，依各階段個別狀況設計對話，進行會談。

相見歡

初見面階段，可利用眼神接觸、自我介紹，及握手寒暄打開話匣子開始。接下來，以詢問式的銷售技巧說服客戶，以此作為對話的開端，藉機判斷是否為潛在客戶及其公司規模大小等，對話案例如下：

Sally:　(*Looking the customer in the eye and walking toward the customer*) Good afternoon, Sir, am I right in thinking you are from French.

Bob:　Yes, do you speak French?

Sally:　Sorry, I can't speak French, How may I help you?

Bob:　Oh, I'm just browsing.

Sally:　Is there anything in particular you are interested in?

Bob:　Not really. I came to the show to find a line of chairs for our chain stores, but have not seen anything I like.

Sally:　(*Extending hand to greet customer*) My name is Sally. Let me show you some chairs we've just introduced. They're really different.

中譯內容：

莎莉：（眼睛注視著對方並走向客戶）午安，先生，我想您是來自法國吧？

巴柏：是的，您會說法文嗎？

莎莉：很抱歉，我不會說法文，有什麼我可以為您服務的嗎？

巴柏：喔！我只是隨意看看。

莎莉：那您有沒有特別想看哪些產品？

巴柏：還好耶！我只是來找有沒有適合連鎖店的椅子，不過目前還沒有看到喜歡的。

莎莉：（伸出手與客人握手）我的名字叫莎莉。讓我帶您去看本公司新推出的椅子，它們真的與眾不同。

詢問及判定潛在客戶

此階段即有系統地提出探索性問題，以判定參觀者是否為有效客戶。例如，採購權力、資源、購買的時間及能力，多用開放式的問題，開頭以：「what」、「who」、「when」、「where」、「how many/much」、「tell me about」等，亦可利用一些試探性問題來辨別是否為潛在客戶，來決定接待的方式為何。以下列舉一些例句：

(1) Do you mind introduce me about your company profile?

您介意介紹一下貴公司嗎？

(2) Do you mind tell me what do you do for your Company?

您介意告知您在貴公司是做什麼職務的嗎？

(3) What are your most important demand in gaining this product/service?

針對這個產品/服務，您最重要的需求是什麼？

(4) Would you like a general overview or do you have specific requirements for this product?

對於此產品，您是想要整體的介紹或是有特定需求？

(5) Do you set a budget up for this purchase? If so, what might that be?

您有沒有任何採買的預算設定？如果有，大概是多少？

(6) What is your main subject and how do you plan to achieve that goal?

您的主題是什麼？計畫如何達到這個目標？

(7) What is the biggest bottleneck currently face with your current product/service?

您目前的產品/服務面臨最大的瓶頸是什麼？

　　當決定攤位上的參觀者是潛在客戶或只是閒晃的客人後，還需要花 1～2 分鐘的時間在他們身上，然後才能完成接待任務。

　　首先，對於那些閒晃的參觀者，花些時間找出他們所想要的產品，並且在適當的時機，迅速地顯現出產品最有力的特色，對方才有可能動心進而採購。

　　多留意參觀者的身體語言和他們的談話，興趣缺缺的人在談話中較有禮貌，或許會交叉手臂、把手放進口袋、或是慢慢

地通過攤位。這些訊息都強烈地顯示此人需要花不少的時間投入，才會引起買賣交易，然而在展覽會場上時間是寶貴的，此類客戶可留待展會後，再與其聯絡，當場不必耗費太多時間周旋迎待。

無成交希望之案例 1

Sally: Good morning. Is there anything particular you are looking for today?

Ben: Good morning. No, I heard about this show and was curious to see what was here.

Sally: Great. Are you a buyer for a furniture company?

Ben: No. I was in the trade but am now retired.

Sally: Wow. You appear too young to be retired. If you do have any questions about our products, please let me know and I'll be happy to help you. We also have some literature available if you are interested.

Ben: Thank you. I think I'll just browse a little.

Sally: Enjoy the rest of the show.

中譯內容：

莎莉：早安！今天有沒有特定想要看些什麼？

　班：早安！還好，只是聽說有展覽所以好奇過來看看。

莎莉：這樣啊！您是家具公司的採購商嗎？

　班：不是。我之前在做買賣，但現在已經退休了。

莎莉：哇～您看起來好年輕怎麼可能就退休了，假如您對

我們的產品有任何疑問請讓我知道，我會很高興為您服務。您有興趣的話，我們也有一些目錄可供您參考。

班：我想我大概看看就好，謝謝！

莎莉：祝您觀展愉快！

無成交希望之案例 2

Sally: Good afternoon, Sir. How may I help you?

Bob: I'm really interested in this line of chairs.

Sally: Great. What can I tell you about them?

Bob: Well, I've read reviews about them in various magazines, and I am pretty familiar with them. My question, will your company provide a discount price for volume purchases?

Sally: Our chairs are very unique, so our company has established a policy of not offering discounts.

Bob: That's too bad because I really want to offer these to our customers. If you were able to offer perhaps 20% off your normal price, I would place a large order.

Sally: This is a dramatic change from our company policy, so our President will need to make the decision. This is not something I can address here at the show. Here's my name card. Please contact me next week and we can arrange a meeting with the President.

Bob:　　Thanks Sally.

中譯內容：

莎莉：午安，先生！有什麼能為您效勞的？

巴柏：我對這一系列的椅子很感興趣。

莎莉：太好了！需要我解說什麼嗎？

巴柏：嗯～我在各種雜誌讀過關於它們的評價，對這系列的椅子也很熟悉，我想問的是，你們公司對於大量採購有沒有什麼折扣？

莎莉：因為我們的椅子是很獨特的，所以本公司建立的政策是不二價。

巴柏：這真是糟糕，因為我真的很想提供這些產品給我們的客戶。假如你能夠給我 20% 的優惠，我就會下一筆大訂單。

莎莉：這對本公司政策而言是一個戲劇性的變化，因此需要請示董事長，並非我在會場上就可以作主的。請收下我的名片，並請於下星期跟我聯繫，我們會幫您安排與董事長的會面。

巴柏：謝謝！莎莉。

有成交希望之案例 1

Sally:　Good afternoon. Are you enjoying the show?

Betty:　The show is pretty good, but I am surprised by some of what I have seen.

Sally:　Really? What were you expecting?

Betty: I was hoping to find more interesting designs here. What I have seen are fairly typical.

Sally: Perhaps our chairs are more like what you are expecting. We have some of the most innovative designs in the industry. Because we are innovative, we target a more exclusive market and are slightly higher priced than other manufactures.

Betty: No, these are not exactly what I am interested in either.

Sally: If you would like to speak with one of our designers, we may be able to modify an existing design to meet your needs. Is this of interest to you?

Betty: That sounds like a possibility.

Sally: Great. Please provide me your name card or contact information so our designers may contact you. Here's my name card as well.

Betty: Here you are. When should I expect to hear from your designers?

Sally: I will give them your information this evening after the show, and ask that they contact you before the end of next week, if that is OK with you.

Betty: Thank you, Sally. That will be fine.

Sally: Please call me if you have any questions, and I'll be sure to take care of your needs.

Betty: I will. Thanks.

Sally: Thank you. Enjoy the rest of the show.

中譯內容：

莎莉：午安！喜愛這場展覽嗎？

貝蒂：展覽是還不錯啦，不過我有點驚訝，有些東西我早已經看過了。

莎莉：真的嗎？您預期要看些什麼？

貝蒂：我原本是希望能在這裡找到一些更有趣的設計，結果所看到的幾乎都是典型款。

莎莉：或許我們的椅子可符合您的期待，我們在業界有一些最創新的設計，因為本身從事研發，目標針對特定的市場，所以價格定位比其他廠商稍高一些。

貝蒂：這好像也並不完全是我所感興趣的。

莎莉：假如您有意願，可以和我們其中一位設計師先聊聊，我們也許能夠針對您的需求改變設計。這樣您會有興趣嗎？

貝蒂：聽起來可行。

莎莉：太好了！請惠賜您的名片或是資料，讓我們的設計師可以和您聯繫。也請您收下我的名片。

貝蒂：這是我的名片。我大概什麼時候可以得到你們設計師的回覆？

莎莉：今晚展覽結束後，我會轉交您的資訊，假如可以的話，請他們在下星期前跟您聯繫。

貝蒂：謝謝，莎莉。這樣就可以了。

莎莉：假如您有任何的問題請打電話給我，我會完成您的
　　　交代。

貝蒂：好啊！謝謝。

莎莉：謝謝！祝您觀展愉快！

有成交希望之案例 2

Sally:　　Hello.　How may I help you today?

Barbara:　I don't know if you can.

Sally:　　Perhaps I can.　What are you interested in?

Barbara:　Well, my customers want furniture that is unique,
　　　　　not common.

Sally:　　Perfect.　That is exactly what we offer.

Barbara:　I see the designs are interesting, but isn't this
　　　　　affordable to everyone?

Sally:　　We actually price so we are a bit more exclusive in
　　　　　our clients.　We are not trying to be snobbish, but
　　　　　we recognize that customers do want to have items
　　　　　that are their own.

Barbara:　Hmm...that sounds kind of like what we want.

Sally:　　If you have some time, perhaps I can show you our
　　　　　line and address some of your specific questions.

Barbara:　OK.　I am interested in a line that is stylish and
　　　　　different.

Sally:　　This chair has been written up in many interior

design magazines as an example of stylish and functional design. We have a full line of complimentary items as well, including foot stools, sofas and other items.

Barbara: Wonderful. That is exactly what I am interested in.

Sally: I can write an order now for you if you would like. And because we are here at the show, I can offer you a 15% discount on trial order, you may test your market by these samples.

Barbara: Wow, that's fantastic. Please send me eight chairs, four foot stools and two sofas.

Sally: Here's the order. I'll have our accounts receivable department contact you to arrange an account, or we can invoice you before shipping if you prefer.

Barbara: I look forward to hearing from them. How soon after they contact me will I receive the order?

Sally: We can ship the same day if you are approved for an account, or upon receipt of payment.

Barbara: That's great. My customers will love these.

Sally: Here's my name card. Please let me know if I can be of further service. I'll make sure the accounts receivable department contacts you as soon as possible.

Barbara: You've been very helpful. Thank you.

Sally: Thank you. And it's a pleasure to do business with
　　　 you.

中譯內容：

　　莎莉：哈囉！請問今天有什麼可以為您效勞的嗎？

　芭芭拉：我不確定你可否幫忙。

　　莎莉：或許我可以。您對什麼感興趣？

　芭芭拉：嗯～我的客人想要比較獨特的家具，並不是要一
　　　　　般成品。

　　莎莉：太棒了！這正是我們所提供的東西。

　芭芭拉：我是對這個設計感興趣，但價格不是每個人都負
　　　　　擔得起呢？

　　莎莉：實際上，我們如此定價是因為針對比較獨特的顧
　　　　　客，並不是我們勢利，而是我們明白客人都想要
　　　　　專屬自己的東西。

　芭芭拉：嗯～聽起來好像是我們的訴求。

　　莎莉：假如您有時間的話，請容許我介紹敝公司的產
　　　　　品，並且回答您所提出的問題。

　芭芭拉：好！我對時髦和與眾不同的系列產品感興趣。

　　莎莉：這個椅子已經被刊載於許多室內設計的雜誌上，
　　　　　當作時髦和具功能的設計。我們有整系列的配套
　　　　　產品，包括腳凳、沙發及其他產品。

　芭芭拉：太棒了！這正是我感興趣的。

　　莎莉：假如您想要的話，我現在就可以幫您寫訂單，如

果您立即在會場下訂單，我可以提供給您 15%
的折扣，以便您可用這些樣品來測試市場反應。

芭芭拉：哇！真是太好了。請寄給我 8 張椅子、4 個腳
凳、和 2 張沙發。

莎莉：這是您的訂單。我會讓會計收款部門與您聯絡安
排結帳，或是假如您需要的話，我們也可以在出
貨前把發票給您。

芭芭拉：我期待得到你們的回音。你們聯絡後，我需要多
久可以收到貨？

莎莉：我們會在收到您的匯款證明，或收到款項的同一
天出貨給您。

芭芭拉：好極了！我的客人會喜愛這些產品。

莎莉：這是我的名片，假如還有需要什麼更進一步服務
的地方，請讓我知道，我會確認會計收款部門盡
速與您聯絡。

芭芭拉：感謝你的幫忙，謝謝！

莎莉：謝謝！也很榮幸和您做生意。

有成交希望之案例 3

Sally: Bob, would you please tell me a little more about your
        chain stores?

Bob: Sure, Sally. Our stores are targeting young
        professionals who have an active lifestyle.

Sally: That sounds like a great market segment. What is the price point you are trying to maintain?

Bob: Our target market wants something that is unique, somewhat exclusive, but not overpriced for the value offered. So we're looking for a line that offers our customers a good price/value relationship, is slightly higher priced than average, but not too expensive.

Sally: I think we can help. How many stores will you be retailing these through?

Bob: We're opening five stores in three months. Our plan is to then open an additional six stores during the coming year.

Sally: Will you be stocking chairs in each store, or utilizing centralized distribution?

Bob: Actually, we've been looking at a different business model in which we have only floor samples in the stores and drop ship directly from the suppliers.

Sally: Very interesting. How many pieces do you think you'll sell through the course of the year?

Bob: We're projecting a minimum of 100 pieces from each store annually.

Sally: That's really good to hear. With that volume, we can put together a very attractive pricing package for you. What are your requirements with regard to fabric colors, textures and finishing options?

Bob: Because our target market leads an active lifestyle and is concerned with current fashions and lifestyle trends, we would like to have a variety of current colors as well as fabric textures. Traditional styles, colors and fabrics are not of interest to us.

Sally: Will you be making the decision about purchasing, or are there other people we need to discuss this with?

Bob: I'll be making the decision with regard to this purchase. We do have some other buyers involved in other lines for the store, but this one is mine.

中譯內容:

莎莉:巴柏,請告訴我多一些關於貴連鎖店的狀況。

巴柏:好的,莎莉。本連鎖店主要的目標鎖定在生活型態活躍的年輕行家。

莎莉:聽起來是個很棒的市場區隔。你們的價格定在哪個層級?

巴柏:我們的目標市場定位為獨特且時髦的,但不因此哄抬價格。我們也試著建立令人滿意的價格與價值關係,產品價格稍高於市場價格,但不會太貴。

莎莉:我想我可以幫忙。您有多少零售商?

巴柏:我們在最近三個月開了五家店,並計畫在來年開第六家店。

莎莉:您會在每間店存放椅子的庫存,或是利用中央分配

中心？

巴柏：事實上，我們也在仔細研究不同的生意模式，在每家店裡僅放現場展示樣品，大貨則由供應商直接出貨。

莎莉：真有趣。您預估每年銷售多少數量？

巴柏：我們計畫每年每家至少有 100 張的數量。

莎莉：很高興聽您這樣說。有這樣的數量，我們可以給您非常棒的價格。關於織品的顏色、質地和表面處理的選擇，您有沒有任何的要求？

巴柏：因為我們的目標市場帶領活躍的生活型態，並且關心現有的流行與生活趨勢，所以我們想要有各式各樣的現代化色彩和織品的材質。對於傳統的樣式、顏色和材質不感興趣。

莎莉：您是採購決策者，還是需要跟其他人一起討論？

巴柏：關於這件採購是由我決定的。我們有專職參與店裡其他產品線的同事，但此線是由我負責。

進入主題及說服

經過上述的諮詢式對談，確認對方是潛在買主後，便可進行第三階段，說服客戶交易，包括可說明我方產品的特色、服務的優勢等，期盼能使買主心動。對話案例如下：

Sally: Great, Bob. Based on what you've told me, we can definitely help you. Here's the line of chairs I have in mind. What do you think?

Bob: These look pretty good, Sally. They're stylish and your sample has a great color and finish combination. They also appear to be of a good quality, which our customers will demand.

Sally: Here's a sample book with some of the other fabrics and finishes we have available. Plus, we can put together a custom finish for you if you are interested. Custom fabrics and finishes do add to the price of the chair, but it will help your customers have a piece of furniture that is truly, uniquely their own.

Bob: I'm not sure we're ready for that. Let's see how the standard line does first.

Sally: OK. Your business model is not a problem, we can promise delivery in just one month because we're a efficiency manufacturer. That will help us better respond to your customers' unique needs.

Bob: Good. Other vendors I spoke with had some similar options but wanted a two months minimum lead time.

Sally: Since we have a branch office and warehouse here, we can also provide prompt warranty replacement if there is every a problem with a chair.

中譯內容：

莎莉：太好了，巴柏。根據您所告知的，我們絕對可以幫
　　　您。您覺得這系列的椅子如何呢？

巴柏：這些看起來很棒，莎莉。你的樣品看起來時髦、顏
　　　色和表面處理結合得很棒。它們看起來品質很好，
　　　符合我們客人的需求。

莎莉：這本樣品書裡包含我們現有的、其他織品和表面處
　　　理可供選擇；再者，假如您有興趣的話，我們也可
　　　以把客製的表面處理放一起。客製的織品和表面處
　　　理而成的椅子需要額外加價，但這可以提供完全獨
　　　一無二的家具給您的顧客。

巴柏：我不確定是否需要這些產品，我想先看看標準產品
　　　線怎麼做的。

莎莉：好的。您的生意模式不成問題，我們保證一個月內
　　　可以交貨，因為我們是有效率的製造商。這有助於
　　　我們更能回應您的客戶獨特所需。

巴柏：不錯喔！我洽談過的其他廠商也有些相似的選擇，
　　　但需要至少三個月的交期。

莎莉：由於我們在此地有分公司及發貨倉庫，因此假如椅
　　　子有任何問題，我們也提供更換保證。

現場操作示範

　　接下來為現場示範（Demonstrate），針對潛在買主讓其
了解產品的特性或知道如何操作，一邊操作示範，一邊講解產

品的優異特性,以吸引客戶,更透澈了解產品。

　　現場產品示範表演是為了引起客戶對產品興趣的活動,藉由活動可看出客戶對產品的喜好程度。在做示範表演時,極為重要的一點是,盡可能讓客戶親自體驗,因為客戶的需求各異其趣,讓他們親自參與體驗示範活動,有助於示範者更突顯讓客戶最感興趣的產品特色及功能。若情況許可,將產品交給客戶親自參與示範操作或試用;假使示範操作時,產品不便交給客戶,應該提供一個地方,可讓客戶跟隨著示範操作來試用產品,另外,必須準備攜帶方便的目錄給客戶。

　　新產品令客戶想下單採購的決定因素,關鍵在於必須發掘客戶目前未被滿足的需求,如果是要取代現有的產品,則必須比現有產品要更具效率才能滿足客戶的需求。在做產品示範操作時,首重強調產品的效能卓越及優異特色,以符合客戶的需求。

　　以下列舉三個不同行業的虛擬公司作為現場示範案例:(一) LENIE 投影機做簡報之案例,注意要如何有技巧地與他牌產品比較,幫助客戶更了解:為何 LENIE 投影機是他們最佳的選擇;(二) 陽光食品的薄片點心之案例,強調產品優於其他同質性產品的利基點,以天然健康為主,美味可口為輔的訴求,來打動買主;(三) 微波餐具之案例,利用創新餐具,可烹調出清爽可口的微波大餐,強調微波餐的輕鬆便捷,符合忙碌現代人之高效率需求。

◎投影機的現場示範案例

Thank you for your interest in LENIE's AB123 projector. This ultraportable projector offers tremendous features that make it one of the best projectors, not only for office use, but also for those who need to travel with a projection system.

What are some of the inconveniences of traveling with a projection system? (Size, weight and compatibility with equipment are common answers) The AB123 is a very small 190 x 77.5 x 205 mm meaning it will fit easily in rolling laptop bags as well as in an airplane's overhead compartment. And at 1.5 kg, it is so light that it will not cause fatigue when carried in a shoulder or hand bag. By comparison, MATSUKO's QR460 is 310 x 100 x 245 mm and weighs twice as much, making it much less convenient for the business traveler.

Input source compatibility is not an issue either, because the AB123 accepts RGB analog, which is common on computers, as well as D-sub, S-video and composite video. There are 11 presets for the projector, meaning it will automatically adjust to almost any input source.

Because the AB123 has a 2000 lumen output, it can be used in rooms with ambient lighting, as well as darkened rooms. Projectors such as the XYZ 180 also offer 2000 lumen illumination, but have a suggested retail price almost 25% higher than the AB123. So the AB123 offers the same functionality at a much more affordable price.

How many of us find our presentations are running long, or we find our audience wondering about the length of the presentation? The AB123 offers a unique on-screen timer that helps better manage presentation time and lets the audience know where we are in the presentation. This helps increase audience satisfaction and attention.

When we are in our own office, we are very familiar with the meeting rooms where we will make presentations, but what about when we travel to a customer's location or conference? The variations in room size can be a real problem for some projectors. Again, the AB123 is a great choice to address this problem because it can project from 1 meter up to 11 meters. At 1 meter, the AB123 offers an impressive 67 CM image, while it has a huge 632 CM image from 11 meters.

To overcome the variations in projection surfaces, the AB123 has a wall color correction feature. This offers the ability to adjust the display to different surfaces and retain the true colors of the presentation. And to make the image even more attractive, LENIE has included 3D color management software that allows fine tuning the image, while the automatic mid-tone color boost provides maximum brightness.

And to make the package complete, all functions are accessible using the included remote. This gives you tremendous flexibility as you move around the room while making your presentation.

Of course LENIE stands behind the quality of the AB123 with a one year warranty on the projector and a 90 day/500 hour warranty on the lamp.

While I have touched on some of the primary features of the AB123, do you have any specific questions about features of functions that I might address?

Thank you again for your interest in the AB123. I hope you enjoyed the demonstration, and I invite you to try this out for yourself here at our booth. We also have product brochures available for your reference, and I will be here throughout the show to further discuss your needs and why LENIE is the right brand for you.

中譯內容：

感謝您對 LENIE AB123 投影機的關注，此攜帶方便的投影機，具備絕佳的特點，讓它成為最佳投影機之一，不僅在辦公室使用，就連外出旅行需要攜帶投影系統的人也可使用。

攜帶投影系統外出會有哪些不方便呢？（尺寸、重量及配備的相容性等是普遍的回答），AB123 僅 190 x 77.5 x 205 mm 相當小巧，很容易裝入手提電腦袋子和機艙座位上方行李廂內。重量只有 1.5 公斤，非常輕，肩背或手提都很方便。相較之下，MATSUKO 的 QR460 為 310 x 100 x 245 mm，重量是

AB123 的兩倍，對於經常旅行的商務客而言，相當不便。

也沒有輸入來源相容性的問題，AB123 接受 RGB 類比，通用於電腦、D-sub、S-video 及多媒體，投影機內有 11 種預設裝置，可以與任何輸入來源自動相容。

因為 AB123 具有一 2000 流明（光速的能量單位）輸出，能使用於室內四周燈光環繞與黑暗的環境。例如 XYZ180 投影機雖具有 2000 流明照明度，但建議零售價比 AB123 高 25%，因此，AB123 提供相同功能，價格卻更可親。

有多少人知道簡報已播放多久了？或是在場觀眾想知道簡報的時間有多長？AB123 機型提供了獨一無二的螢幕顯示計時器，幫助使用者更好掌控簡報時間，讓觀眾了解簡報進度，有助於提高觀眾的滿意度及注意力。

我們身處自家的會議室做簡報可說是如魚得水，但是當我們外出到客戶的公司或會議時又會如何？室內的空間大小的差異，對於部分投影機會有影響，AB123 是解決此問題的最佳選擇，因為它的投射距離可達 1 到 11 公尺。在投射 1 公尺時，AB123 提供 67 公分的高畫質影像；投射 11 公尺時，有 632 公分的巨大影像。

克服了投射面的差異，AB123 具有牆壁顏色修正的特色，可調整在不同的表面放映，且保留了簡報原來的色澤，讓影像更吸引人。LENIE 已包含 3D 立體顏色管理軟體，可讓影像細緻協調，自動中色階顏色提高供給最大的亮度。

再者，為了使套裝完整，所有功能都以內建式遙控使用，當您在室內移動做簡報時，更具靈活性。

LENIE 對 AB123 的品質保證為：投影機有一年保固期限，燈有 90天/500 小時的保固期限。

針對這些我已提到的數個 AB123 主要特色，您有任何關於功能特性方面的問題，需要我詳加說明的嗎？

再次謝謝您對於 AB123 的關注，希望您會喜歡此次的示範表演，誠摯邀請您在我們的攤位親自體驗。我們備有產品目錄可供您參考，展覽期間我隨時在此，可與您更進一步討論，為您說明為何 LENIE 是為您量身打造的最佳品牌。

◎薄片點心的現場示範案例

Thank you for your interest in Sunny Snack Food's line of vegetable and fruit chips. Just like other chip snacks, our products are delicious and convenient. But unlike other snacks chips, our chips are natural and healthy snacks that are actually good for you.

What is the number one reason chip snacks are bad for you? Oil frying! When foods are fried in oils, the nutritional value of the food is reduced because of the high temperatures of the oil and the blanching effect of deep frying. But Sunny Snack Foods' chips "vacuum dry fried", meaning they are made using a patented process of low temperature and low pressure to produce a chip that retains the color, flavor and nutritional values of the fruits and vegetables used to make the chip.

How many of you want to eat preservatives and artificial colors? Most chip snacks contain artificial colors and preservatives, stabilizers and other additives that are necessary because of the damage caused to the chips by hot oil frying. Sunny Chip Snacks never contain these additives because our foods are preserved - not damaged easily - by the chip making process.

We start with produce from local farms. Picked at the peak of its flavor, the fruits and vegetables are delivered to our processing center within 2 hours of harvesting. This ensures the natural sugars have not begun to degrade and that the nutritional values of the chips remains high.

The raw foods are then cleaned and prepared for the vacuum fry-drying process. Because we do not fry the foods in hot oils, the natural starches remain intact. Frying foods in hot oils can cause starches to produce a carcinogen - ACRYLAMIDE, so our vacuum fry-drying process protects your health because it does not cause production of this harmful substance.

Our chips are also free from all pesticides and chemicals. A unique sanitizing process ensures that any chemicals which may have been introduced to the produce in the fields does not find its way into our finished chips. Many other chip snack products do not offer this healthy quality.

Do you not eat chip snacks because they are fattening? With Sunny Snack Foods you have do not have the concern of the fattening effect of wheat and gluten. Our chips are always wheat and gluten free, so enjoy them whenever you like!

Sunny Snack Foods offers you natural healthy snack foods with low fat and low salt, plus the added benefit of no artificial additives, chemicals, trans-fats or animal by products. We offer you the wholesome flavor of natural fruits and vegetables.

Please feel free to try samples of any of our flavors. I'll be available to answer questions about Sunny Snack Foods, our chips and any other questions for the rest of the show.

中譯內容：

感謝您對於「陽光食品」系列的蔬菜與水果片感興趣。如同其他的薄片點心，本系列產品可口又方便，但不同於其他薄片點心的是，本產品的確是對您有益、天然又健康的點心。

您認為薄片點心最大的壞處是什麼呢？油炸！當食物在油炸過程中，很多營養價值會因為高油溫及過度烹煮而減少。但「陽光食品」的薄片卻是以「真空油炸乾燥」，也就是說，使用一種專利的製程，以低溫、低壓的方式製作薄片點心來維持蔬果原有的顏色，風味以及營養價值也會同時保留。

您想吃進多少的防腐劑跟人工色素呢？大部分的薄片點心都含有人工色素、防腐劑、安定劑與其他必須添加的添加劑，因為要避免在高溫油炸過程中，使得蔬果薄片產生質變。「陽光食品」的薄片點心絕無這些添加物，因為我們的食品在薄片製作過程後，就能保鮮而不易變質。

我們取用當地的食材，挑選當季盛產的蔬果並在採收後兩個小時內，送抵我們的加工中心。這是確保蔬果天然的甜分未

減少,且營養價值能高度保留的原因。

接著,食材經過清洗,準備進行真空油炸乾燥加工。由於我們不用高溫油炸,天然的澱粉並未受到破壞。高溫油炸會破壞天然澱粉並產生致癌物質——丙烯醯胺,因此,真空油炸乾燥加工的製程生產,不會產生有害物質而能維護您的健康。

本產品同時也不含殺蟲劑與化學成分。特殊的消毒製程,確保生產過程中可能產生的化學成分不會出現在成品裡。相對地,其他薄片產品並未有健康品質這方面的考量。

您不吃薄片點心是否因為它們會讓您變胖?有了「陽光食品」您不需要考慮合成澱粉與小麥會使您發胖,本產品一向不含麵筋成分與小麥,您可以盡情享用。

「陽光食品」提供您天然健康的點心,低脂、低鹽,產品無人工添加物、化學成分、反式脂肪或動物性脂肪等。我們提供有益健康美味的蔬果片。

歡迎試試看各種口味的產品,我將樂意在展覽期間為您回答任何有關「陽光食品」的問題。

◎微波爐的現場示範案例

Thank you for your interest in the latest development - Microware oven, there are many unique functions & characters which I would like to introduce you.

A. Defrosting

The traditional way of defrosting food, such as soaking it in water or leaving it to stand at room temperature, was very time consuming and also caused food to lose much of its freshness and nutritional value. Now, using the microwave to defrost food takes merely a few minutes, and doesn't nullify its freshness or nutritional value, please refer to the Defrosting Chart in microwave practical manual for food defrosting times.

B. Reheating

Using the Microwave to reheat food is simple and convenient. There is no need to worry about burning the food, or adding too much, or too little water as is the case when reheating food in a conventional oven. All the family can enjoy their favorite food at anytime with just the push of a button. Reheating allows you to reheat any sized portions that you want to eat.

C. Cooking

The utmost benefit of the microwave is in the speed and simplicity in which it cooks food. The two key points to remember when using the microwave are: 1. Control the cooking time; 2. Follow the suggested cooking method. Knowing these two points is essential to ensure perfect results every time.

Learning the exact times needed to cook specific dishes is essential. Overcooking will, of course, dry out the food, so the next time you cook that dish, try reducing the time by one. Likewise, if you find your dish is undercooked, try increasing the cooking time by one, or until you find the perfect setting. Remember, like a conventional oven, "practice makes perfect."

Here is the latest brochures for your reference. I will be here throughout the show to answer any of your questions about the microwave onve.

中譯內容：

感謝您對最新的微波炊具感到興趣，我將為您介紹它多種獨特的功能及特點。

A. 解凍功能

傳統的解凍食物方法，例如浸水或置於常溫中，都是非常耗時且有喪失新鮮度及營養價值之虞。現在以微波爐解凍只需花短短幾分鐘的時間，而且不會失去它的新鮮度及營養價值，請參考微波使用手冊上的食物解凍時間表。

B. 再加熱功能

使用微波加熱食物既簡單又方便，不需像在使用一般爐具加熱時，擔心會燒焦食物、加太多或太少的水。全家人在任何時候，僅需輕鬆按一下按鈕，就能享用他們喜愛的美食。再加熱功能可加熱任何您想吃的食物，無論分量多寡。

C. 烹調功能

微波最大的好處是，烹煮食物快速又簡單，使用微波爐切記的兩大要點是：(1) 烹調時間；(2) 遵循建議的烹調方式。熟知此兩大要點是確保每次烹調結果都趨近完美不可或缺的要件。

學習以確切的時間烹煮特定的菜餚極為重要。煮太久，食物會缺乏水分，所以下次再烹煮相同菜餚時，務必縮短時間。同樣地，假如發現您的菜餚不熟，就加長一點時間，直到找到最理想的烹調時間。切記，就像傳統的烤箱一樣，「熟能生巧」。

這裡有最新的目錄供您參考，展覽期間我隨時在此，可回答您任何關於此微波爐的問題。

結束會談

第五階段也就是最後要結束與買主談話的時候，跟潛在買主及非潛在買主結束對話的內容及技巧各有不同。

潛在買主

重述跟與會者所討論過的主要重點，再確認客戶是否還有其他意見，且在會場上，儘可能的得到越多後續活動的承諾，及設定越多的見面機會為宜。最後在接待記錄表上記錄任何追加的意見，參考會話如下。

Sally: Bob, our chairs are a great fit for your customers.

We have an innovative style, high quality and can offer the chairs at a price point that meets your needs. We can easily meet your unit volume requirements, have a shorter delivery cycle than other vendors and can provide the drop ship distribution system your business model is built on. We can offer your clients custom fabric and finish combinations, and we provide outstanding warranty support. Are there other issues we should discuss?

Bob: No, Sally, I think we've covered the important topics.

Sally: If you place an order here at the show, we can offer you a show discount. Let me prepare a quote for you. How many units would you like me to price?

Bob: I appreciate your offer, but I'm not sure I want to order yet.

Sally: That's not a problem, I will stay here in two weeks, Let's schedule a meeting for next week and we can review quotes then. I'll be as aggressive in pricing as I can, but I'm not sure I'll be able to offer the same discount that is available with an order placed here at the show.

Bob: OK. Let's schedule an appointment for next week. Will you be available for the remainder of the show if I decide to place an order now?

Sally: Absolutely. May I have your name badge so I can retrieve your information from the registration system? What day and time next week is good to meet?

Bob: Let's plan on Wednesday at 10:00.

Sally: So we'll meet next Wednesday at 10:00. I have your contact information from your registration. Is this your direct telephone number?

Bob: Yes.

Sally: Great! Bob, it's been a pleasure speaking with you this afternoon. Here's my business card. Please feel free to call me if you have any other questions before we meet next Wednesday.

中譯內容：

莎莉：巴柏，本公司的椅子是你們客戶最合適的選擇，不但是最新設計款式，有高品質，而且我們提供的報價能符合客戶需求。我們可以達到您需要的數量，交貨期比其他廠家快速，也可以分配出貨達到貴公司的要求。我們還可以提供您的客戶客製化的布料式樣及表面處理的產品組合，同時也提供最好的售後服務。請問您還有其他需要討論的嗎？

巴柏：不需要了，莎莉，我想我們都談到重點了。

莎莉：如果您在現場下單，我們可以提供展覽優惠折扣，讓我來準備報價給您，請問您需要報多少數量的價

格？

巴柏：謝謝你，但是我現在尚未確定是否要下單。

莎莉：沒關係，我還會在此地停留兩個星期，我們可以安排在下週與您開會，再當面商討價格，我會竭盡所能報最好的價格給您。但是如果沒有在會場下單，屆時我不能確定可否提供相同的折扣。

巴柏：好吧！那我們約下週開會。如果我現在決定下單，你可以先幫我做展覽場記錄嗎？

莎莉：當然可以，可以借一下您的名牌嗎？我需要從登記處上搜尋您的資料，請問要跟您預約下週哪個時間會比較方便碰面呢？

巴柏：下週三 10 點。

莎莉：那我們下週三 10 點見面，我已從登記處上取得您的聯絡資料，這是您的聯絡專線嗎？

巴柏：是的。

莎莉：太好了！巴柏，今天下午真的很榮幸與您會談，這是我的名片。如果您在下週三之前有任何問題，歡迎打電話給我。

◎ 其他適用句型：

1. (1) Are there any other questions you'd like to ask?

   (2) Do you have any other questions?

   您有任何其他想要問的問題嗎？

2. (1) Do you have any comments about our products that you

would like to share?

(2) Please share your thoughts about our products.

關於我們產品，您還有任何意見想告訴我方的嗎？

3. May I e-mail you the information you requested immediately after the exhibition?

我可以在展覽會後，立即寄送您所需的資料給您嗎？

4. (1) We welcome you to visit our factory when you come to Taiwan.

(2) Please be certain to visit our factory when you come to Taiwan.

您來臺灣時，歡迎蒞臨敝廠參觀。

5. When will you come to Taiwan?

您何時來臺灣呢？

非潛在買主

由於展場時間寶貴，要恰如其分地運用，方能發揮最大的效用。當客戶進入攤位，經過簡單的詢問過濾後，判定為非潛在買主，要伺機委婉結束談話，不必浪費時間，更不用感到罪惡感，參考會話如下。

1. I've enjoyed learning more about your business, but it appears we will not be able to meet your current needs. Please feel free to contact us in the future so we might review this again. Here's my business card. Enjoy the rest of the show!

2. Rather than take more of your time today, please review this brochure and feel free to email us at the address listed on the back. One of our representatives will be happy to address any of your questions. (*Hand literature and step back one or two steps. Without appearing rude or disrespectful, place your hands behind your back, which signals the end of your interaction.*)

3. We would love to help you, but unfortunately we do not offer that product/service, but unfortunately we simply cannot meet that price/the terms you are seeking.

4. It appears you need the services of a firm with different capabilities than we have to offer. You might want to speak with ABC Furniture Corp. if you believe they can be of assistance to the customer.

5. Your situation really requires more time and attention than I can offer you during the show. Here is one of our brochures. Please call our office and one of our representatives will be happy to schedule additional time to speak with you. (*Hand literature and step back one or two steps. Without appearing rude or disrespectful, place your hands behind your back, which signals the end of your interaction.*)

中譯內容：

1. 我很高興可以了解貴公司，但是我們似乎不能符合您目前的需求。歡迎您隨時與我們聯絡，我們仍可以再做商討。這是我的名片，祝您繼續愉快地參觀此展。

2. 為了不要佔用您整天的時間，請參考我們的目錄。後面印有我們的聯絡地址，歡迎您隨時寫信給我們。每一位業務代表都會很高興回答您的問題。（將目錄交給對方，往後站一步或兩步，將雙手擺放在您的背後，顯示您與對方最後的互動結束，但卻不會看起來很不禮貌或是不尊重。）

3. 我們很高興可以為您服務，但很抱歉的是，我們提供的產品或服務，無法達到您提出的價格或條件。

4. 您似乎需要一個更可以提供不同服務產品面的廠商，假如您相信其他廠商可以為您的客戶服務，您也許可與 ABC 家具公司接洽看看。

5. 您的情況需要更多的時間及照料，甚過於我在會場所能提供的。這本是我們其中一份目錄，請與我們辦公室人員聯絡，我們的服務人員會很高興與您另外約時間商討。（將目錄交給對方，往後站一步或兩步，將雙手擺放在您的背後，顯示您與對方最後的互動結束，但卻不會看起來很沒禮貌或是不尊重。）

◎ **其他適用句型：**

1. Thank you for your precious time, but I'm afraid our product doesn't meet your current needs.

   謝謝您寶貴的時間，但我們的產品恐怕不適合您目前的需求。

2. I don't want to take up any more of your valuable time, this latest literature might answer more of your questions.

   我不想佔用您太多的寶貴時間，這是最新的目錄，內容可以回答您更多的疑問（同時將目錄遞給對方，然後往後退，用肢體語言來結束話題）。

3. I have no information you need now. Please leave your name card, I will contact you after Show.

   目前無您所要的資料，請留下您的名片，等展後再跟您聯絡。

15.3 展場會話實際演練

會話一 CONVERSATION ONE

William: Hello. Do you enjoy the show?

Claire: I just arrived this morning.

William: Nice to meet you, my name is William, this is my name card, may I have yours?

Claire: Of course, here you are, I'm just browsing at the moment.

William: If you have any questions or need assistance, please let me know.

Claire: Thank you, William.

中譯內容：

威廉：你喜歡這個展覽嗎？

克萊兒：我今天早上才剛抵達。

威廉：很高興見到你，我的名字是威廉，這是我的名片，可否與你交換名片呢？

克萊兒：當然，這給您。我只是瀏覽了一下。

威廉：如果你有任何問題或需要協助，敬請指教。

克萊兒：謝謝你，威廉。

會話二　CONVERSATION TWO

William: The chair you are looking at is our latest design. It is very popular and has been a good seller.

Claire: It is an attractive piece, but the frame does not look very durable.

William: Actually, this is one of the great features of the chair. The frame is designed to be very lightweight, yet extremely strong. Our testing shows it has a 25% longer life expectancy than our existing frame.

Claire: That sounds great. What is the price for this model?

William: The list price is FOB US$75 with a minimum order of 200 units, but we are offering a 10% discount for orders placed during the exhibition.

Claire: Will you offer a deeper discount with an order of 1,000 units?

William: Our show discount is fairly aggressive, but I can offer an additional 3% discount if you can pay within 15 days before shipping.

Claire: That sounds good, but I am interested in comparing this to your other chairs. May I have a catalog and price list for all your models?

William: Certainly. Here you are. And this is my business card. If you have any questions, please feel free to let me know, or phone or email me after the show. My name is William.

Claire: Thank you, William.

中譯內容：

威廉：你正在看得這張椅子是我們最新的設計，非常受歡迎也賣得很好。

克萊兒：它是很吸引人的作品，但框架看起來不太耐用。

威廉：事實上，這是這張椅子最大的特點之一。框架設計很輕卻非常堅固。我們的測式顯示它比現在的框架耐用 25%。

克萊兒：聽起來很不錯。這型號的價格是多少？

威廉：船上交貨的價格為 75 美元，最低訂購量 200

張，但在展覽期間訂購，我們提供 10% 折扣。

克萊兒：訂購 1,000 張會提供更多的折扣嗎？

威廉：我們展覽的折扣是非常具有競爭性的，如果您可以在出貨前 15 天內付款，我可以提供額外 3% 折扣。

克萊兒：聽起來不錯，但我想要和其他的椅子比較一下，可以給我所有型號的目錄和價格表嗎？

威廉：沒問題。請收下這本目錄。這是我的名片。如果你有任何的問題請告訴我，或者在展覽之後，打電話或 e-mail 給我。

克萊兒：謝謝你，威廉。

會話三　CONVERSATION THREE

Joseph:　Excuse me.

Robert:　Yes? How may I help you?

Joseph:　This jacket is made of an interesting material. Can you tell me about it?

Robert:　Sure. This is a new, lightweight poly-fiber that offers great thermal protection, is water repellance and resists tearing or fraying. It is ideal for people who enjoy the outdoors.

Joseph:　Sounds great, but it must be pretty expensive.

Robert:　Actually, it is not too bad. Yes, it is slightly more expensive than competing products, but this new poly-fiber offers additional benefits. Here's a data sheet showing how our poly-fiber compares to existing products.

Joseph:　Thank you.

Robert:　We would be happy to ship you a small order so you can see how your customers like these.

Joseph:　That's tempting, but I need to think about it.

Robert:　My name is Robert. Here's my contact information. Please feel free to contact me for a quote when you are ready.

Joseph:　Thanks, Robert. I'll make a decision within the next week or so.

中譯內容：

約瑟：打擾一下。

羅伯特：是，有什麼可為您效勞的嗎？

約瑟：這件夾克的質料很有趣，可以告訴我是什麼材質嗎？

羅伯特：當然。這是新的、輕量級的多纖維材質，提供保暖的保護，防水及抗撕裂或磨損。專為喜歡戶外活動的人所構想設計的。

約瑟：聽起來很棒，但它一定非常貴。

羅伯特：事實上，不會太貴。是比其他同業的產品貴了一點點，但新款的聚脂纖維有它獨特的優點。這張

資料表是我們的多纖維和現有產品的比較，供您
參考。

約瑟：謝謝您。

羅伯特：我們是否有榮幸能出給您一張小額訂單，讓您可
以察看您的客戶喜好程度。

約瑟：挺吸引人的，但我需要考慮一下。

羅伯特：我的名字是羅伯特，這是我的聯絡資訊。當您考
慮好時，請不用客氣，請與我聯絡詢價事宜。

約瑟：謝謝你！羅伯特。我將在下星期內做決定。

會話四　CONVERSATION FOUR

William: Hi. This is one of our best selling chairs.

Joseph: It is different. Tell me about this frame material.

William: Sure. It's a new polymer that is extremely strong,
yet lightweight. Our tests show it has a much longer
life than other frames.

Joseph: Interesting. What is your price for this model?

William: The list price is FOB US$75 with a minimum order
of 200 units, but we are offering a 10% discount for
orders placed during the exhibition.

Joseph: Is 200 your minimum order size?

William: We will accept smaller orders, but the price will be
higher, and I cannot offer you a 10% with smaller
orders.

Joseph: Do you have a price list and catalog available?

William: Here you are.

Joseph: Thanks. Who should I cotact if I have questions?

William: Our sales department contact information is on the
          back of the catalog. Also, here's my business card.

Joseph: Thanks. You've been very helpful.

中譯內容：

威廉：你好，這是我們銷售最好的椅子之一。

約瑟：它很特別，這框架的材質是什麼？

威廉：它是新的聚合物，特別的堅固、輕巧。我們的測試
　　　顯示，它比別的框架更為經久耐用。

約瑟：有意思。這型號的價格是多少？

威廉：船上交貨的價格為 75 美元，最低訂購量 200 張，
　　　但在展覽期間訂購，我們提供 10% 折扣。

約瑟：200 張是你們的最小訂購量嗎？

威廉：我們可接受更小額的訂單，但價格會高一些，且恕
　　　不提供 10% 折扣。

約瑟：你還有價格表和型錄嗎？

威廉：有，請收下。

約瑟：謝謝。如果我有問題可以聯絡誰？

威廉：我們業務部門的聯絡資訊在目錄的背面。另外，這
　　　是我的名片。

約瑟：謝謝，感謝你的大力相助。

會話五　CONVERSATION FIVE

Robert:　Would you like to place a small order for these new jackets?

Jack:　Not at the moment, but I would be interested in a sample to take back for our merchandisers to see.

Robert:　We don't have samples to distribute here at the show, but we can ship one to your location.

Jack:　That would be great.　Here's my business card. Please have the sample shipped to my attention.

Robert:　The sample should ship within the next week.　If you do place an order during the show, we can offer you a discount on the next year's orders.

Jack:　OK, I'll think about it.　Thanks for sending the sample.

Robert:　It's my pleasure.　Enjoy the rest of the exhibition.

中譯內容：

羅伯特：您要不要小額訂購這些新夾克？

　傑克：現在還不需要，但我想要拿一件樣品回去給我們的採購人員參考。

羅伯特：這個展覽我們並不提供樣品，但可以寄一件到貴公司。

　傑克：很好，這是我的名片。請寄一件樣品到我公司。

羅伯特：樣品大概在下星期內可以送達，如果您在展場下

單，我們會針對您來年的訂單給予折扣。

傑克：好的，我會考慮一下，謝謝您寄送樣品。

羅伯特：這是我的榮幸。祝您逛展愉快。

會話六　CONVERSATION SIX

Tom:　　Excuse me? Is it possible for us to receive some samples of your teas?

Matthew: Certainly. If you'll fill out this form with your contact information, our office will ship you samples of the full line. We will need to bill you for the shipping expense, however.

Tom:　　That's unusual. Most samples are shipped free of charge.

Matthew: If you decide to order after receiving the samples, we'll provide a 20% discount on your first order. The discount on your first order should more than cover the shipping for the samples.

Tom:　　Well, that sounds acceptable.

Matthew: Thank you for your shipping information. Here's my business card. Please let me know if you need any further assistance.

Tom:　　OK. When can we expect the samples?

Matthew: I'll contact the office this evening, so the samples should be shipped tomorrow and should arrive at your office within five days.

Tom: Great. Thanks for your help.

Matthew: My pleasure. Enjoy the rest of the show.

中譯內容：

湯姆：打擾一下，可以跟你索取一些 teas 的樣品嗎？

馬太：沒問題。如果您能在這份表格上填寫您的聯絡資訊，我們公司將會寄給您全部的樣品，但要請您自付運費。

湯姆：很少人這樣做吧，大部分的樣品是免費寄送的。

馬太：在收到樣品後，如果您決定下單，我們將提供您第一張訂單 20% 折扣。您的第一張訂單折扣，應該可以彌補樣品的運費。

湯姆：好，聽起來是可以接受的。

馬太：謝謝您的寄送資訊。這是我的名片，如果您有需要任何協助請讓我知道。

湯姆：好的，我們何時可以收到樣品？

馬太：我今天下午會聯絡公司，所以應該明天會寄出樣品，五天內到達您的公司。

湯姆：很好，謝謝您的協助。

馬太：這是我的榮幸，祝您逛展愉快。

會話七　CONVERSATION SEVEN

Tom: Can you tell me more about this jacket?

Robert: Sure. What would you like to know?

Tom: Is this made here in Taiwan?

Robert: The poly-fiber is woven here, but the jacket is assembled in Vietnam.

Tom: My customers' main concern is quality, particularly at this price.

Robert: That is a valid concern. Our mill was just ISO 9002 certified, and the company in Vietnam is one of the best. We provide a one year warranty against defects in materials or workmanship.

Tom: That's better than most. Can you provide custom colors or stitching?

Robert: It's not something we are currently doing, but yes, it is possible.

Tom: How will that impact the pricing?

Robert: Our office will need to put together numbers for you. Please fill out this data sheet and we'll have one of our staff contact you.

Tom: Sounds good. This might be a very exciting product for our customers. I look forward to hearing from your office.

Robert: We'll be certain to give this high priority.

Tom: Thanks. Your attention is greatly appreciated.

Robert: Thank you. And enjoy the rest of the show.

中譯內容：

湯姆：你可以告訴我更多有關這件夾克的資訊嗎？

羅伯特：當然，您想知道什麼？

湯姆：這是臺灣製造的嗎？

羅伯特：多纖維是由臺灣編製，但夾克是在越南組成。

湯姆：我的客戶主要在意的是品質，尤其是價格。

羅伯特：這是合理的。我們的工廠剛通過 ISO 9002 認證，在越南的公司是萬中選一。對於材質及手工上的瑕疵，我們提供一年的保固。

湯姆：那比大部分的公司好。你可以提供客制的顏色和縫紉嗎？

羅伯特：目前尚未接客制單，但未來應會朝此方向進行。

湯姆：對價格會有多少影響？

羅伯特：我們公司將會為您匯總數字。請填寫這些資料表，公司的職員將與您聯絡。

湯姆：聽起來不錯。對我們的客戶而言，可能是非常令人興奮的產品，我期待你們公司的消息。

羅伯特：我們一定優先安排。

湯姆：謝謝，非常感謝你的關注。

羅伯特：謝謝您，祝您逛展愉快。

16
國際禮儀訓練

16.1 國際禮儀的重要性

國貿人的必修學分

從事業務工作的人，儀表非常重要，它經常是給人的第一印象。乾淨大方的容貌，加上合宜的舉止，能提高他人與我們洽談的意願，也容易建立彼此的信任。國際貿易，顧名思義就是跨國際做生意，得經常在國際間往返，必須具備國際禮儀的涵養。尤其是展場接待人員，面對來自世界各地的外國客戶，在短暫的展覽期間，要能稱職，而又令人印象深刻，符合國際禮儀的應對進退訓練，是為企業形象加分的必修功課。

良好的儀態，合宜的言行，絕對能為職場增加不少優勢。在各種商業活動中，給對方的第一印象非常重要，好印象往往種下機會與成功的種子，一個人的禮貌與教養，常比刻意演出的專業，更令人印象深刻。

　　隨著產業結構的改變，臺灣已由製造業逐漸轉型為服務業，國際貿易的盛行，讓臺灣在國際市場上逐漸嶄露頭角。產業已跳脫以往代工業的模式，從事國際貿易的人，在現今全球化的商業型態，想與國際順利接軌、成功出擊，了解正確的國際禮儀成為刻不容緩之事。

速成的法寶

　　多年前，筆者還是個初出校門的職場菜鳥，由於酷愛運動與旅行，經常是一襲運動衫、牛仔褲，外加容易整理的短髮，然而選擇從事國際貿易的業務秘書工作，這樣的儀表似乎並不合宜。

　　為了在最短時間內脫胎換骨，改頭換面，突發奇想參加了熱門的「空姐訓練保證班」。選擇這種訓練班的理由是，它像自助餐一樣「all in one」，除了語文訓練（英、日語及廣東話），還包含美姿美儀等內容的國際禮儀訓練，並且不限時間，訓練持續到考上空姐為止。藉由這樣密集式的訓練，幾個月後，果然奏效，藉此訓練，讓筆者成功變身為一個業務秘書該有的樣子，提供給大家參考。

教育忽略的一環

　　臺灣學校的教育偏重學科，術科練習較少，在禮儀方面的著墨，更是少之又少，進入職場後，在必須應用到國際禮儀的場合，往往手足無措。其實只要平時花一些時間及心思，學會「國際禮儀」並不難，雖無法成為「專家」，至少可以做到

「優雅」。若能專業兼具達禮，甚至會成為一種個人魅力，不管在職場或人生經營上，都能佔有一席之地。幸而目前國內相關單位已注意到國際禮儀的重要性，委由外交部大力推廣，強化全民國際禮儀的概念，針對食、衣、住、行、育、樂方面，都有詳盡的說明，期待成為名符其實的禮儀之邦。以下節錄與國貿人切身相關的食、衣、住、行國際禮儀。

商務禮儀的應用重點

明智的企業人士都知道，想在跨國交易往來及海外商業接洽完美出擊，平時就應詳加研習國際禮儀。尤其在出差前，更要投入心力預作準備，留意目的地國家的文化傳統及習俗，如此一來，不但贏得對方的好感，同時也顯現對此交易及海外合作夥伴的尊重，注意的重點如下：

1. 位階相當：企業主較喜歡跟位階相當的人士談生意，如果要拜訪對方的總裁，我方也應派出總裁級的人士與之對談。如果派低階職員去談生意，對方會認為禮儀不周，不受尊重，甚至有些人會覺得受侮辱，而斷然拒絕受訪。

2. 準時赴約：切勿犯國人愛遲到的毛病，最好準時赴約，不過有些步調慢或容易大塞車的國家，開會遲到似乎已成常態，沒人會感到奇怪，可事先打聽一下。

3. 交換名片：雙手遞交名片給對方，交換名片後，可按對方的頭銜稱呼。如果名片未具頭銜，也應以某某先生或女士尊稱對方，千萬不要隨便直呼對方名字，即使對方

允許，最好私下稱呼，正式會議上，仍以尊稱方式為佳。

4. 跨文化溝通：文化上的誤解往往可能使一樁生意功敗垂成，筆者就曾遇過這樣的慘痛經驗。多年前，獨自赴韓國洽談一筆為數不小的生意，就在合約簽訂之後，韓方老闆提議吃完飯後要再去「喝一杯」，筆者自忖酒量不佳，又單獨前往，唯恐酒醉失態，便婉拒對方的邀請，韓方卻逕行驅車到酒吧，最後在筆者的堅持下沒進去喝酒，回國後那筆生意也泡湯了。後來才知道韓國人很喜歡在談成生意後，雙方喝一杯慶祝，而筆者當時的拒絕，可能大大傷了韓國大男人的自尊心，生意當然無疾而終。

5. 伴手禮物：送禮是國際交易不可或缺的禮貌之一，過或不及都不恰當。因此，必須了解受禮者或其國家有無特殊禁忌，避免觸犯禁忌，適得其反。送禮是友好的表達，不用送太貴重的禮物，一來可避免負擔過重，二來不會有賄賂之嫌。

6. 問候方式：雖然各國對見面問候的方式大相逕庭，但最常見也最保險的方式大概就屬「握手」。西方國家熱情的民族性，習慣以擁抱或親臉頰的方式打招呼，接待不同來賓，最好是以對方最習慣的方式來迎接，不但親切亦能讓對方感受到尊重，經過這樣的互動，對彼此合作關係絕對有正面的助益。

7. 當地語言：儘管無法流利地說當地語言，至少要學會幾

句關鍵用語，即使發音奇怪，但誠意十足，或許會讓對方忍俊不住，但卻多少會提升好感度。若能全程以當地語言跟對方溝通，將會令對方印象深刻，效果當然不同凡響。

16.2 食的禮節

民以食為天，飯局是生意場合中不可獲缺的一環。源於古代，飲食即非常講求禮儀，商場上經常藉由餐敘，談生意或聯絡感情。進餐的氛圍是餐宴成功的關鍵，而影響進餐氛圍通常跟與會者的態度修養、進食方面的規矩、適當的菜色有關，為了餐宴的圓滿成功，賓主雙方都應做足功課，方可皆大歡喜。

注意事項

宴請

宴客在社交上極為重要，如果安排得宜，可以達到交友及增進邦誼之目的。一般企業經常在特殊日子舉辦宴會，例如結婚、新居落成、週年誌慶、開幕誌慶、獲獎誌慶、尾牙春酒等。邀請中外客戶齊聚一堂，這也是增進情誼、熱絡互動的良機。應注意的內容包括：

1. 擬定宴客名單，再根據賓客地位、政治考量，及人際關係等因素，安排座位席次。

2. 舉辦日期、時間及地點： 以請帖詳載日、時、地，並

附地圖邀請賓客。地點不宜偏僻難找；請帖約在宴會前 2〜3 星期前寄出邀請為宜，可附回函，便於計算人數。

3. 不管是在自家或餐廳舉行，都必須預選菜單，餐廳則需預訂。宴請國外客戶，特別注意食材的搭選宜大眾化，不要有特殊、奇怪或具爭議性的菜餚，例如保育類的食物（魚刺）等。

4. 較正式的宴會，還必須清楚註明與會貴賓服裝規定（Dress Code），以免嘉賓不合宜的穿著尷尬出糗，敗興而歸。

5. 現代人普遍繁忙，尤其是商務人士經常行程滿檔，重要宴會如能事前再提醒賓客，會更顯示主人的重視及周到。

赴宴

接受邀約的一方，需要注意的事項包括：

1. 回函確認是否出席及參加人數，一經允諾必準時赴約；臨時無法前往參加，需回函或去電致歉取消，以示禮貌。

2. 根據宴會的服裝規定，穿著合宜服裝；如未規定，則自行斟酌，太隨便則失禮，太正式又顯唐突。

3. 在國外，赴主人寓所拜訪或宴會，宜攜帶具有本國特色的小禮物表示禮貌，像是傳統飾品中國結、琉璃飾品、筷子組、臺灣茶，及茶具組等都非常受歡迎。

4. 注意用餐禮節,依國際禮儀則大同小異,惟各國會有些
　微的差距。儘管如此,尊重地主國當地的用餐禮節,是
　基本的禮貌,也最安全而不容易出錯。

5. 宴會後,應再親自致電或寫信(謝卡)向主人致謝,讓
　宴會畫下完美的句點。

用餐禮儀

進入餐廳

　　用餐須事先訂位,準時抵達餐廳後由侍者帶位。入座以左
進右出原則,男士禮讓女士先進入餐廳,就座時,男士應服務
女士入座。

前置事項

1. 用餐過程,餐巾都要鋪在膝上,以用來拭嘴,不擦其
　他東西;用餐結束,整齊地放在餐盤的右邊;暫時離席
　時,可將餐巾置於椅子上。

2. 正確使用餐具,西餐餐具的擺設,一般為三叉(左)二
　刀(右)。刀、叉及湯匙宜由外而內,由上而下的順序
　使用,液體在右手邊(酒、水杯)固體(麵包)在左手
　邊,避免拿錯。餐具一旦使用後,就不要在放回桌面,
　用餐中途暫時離席時,刀叉呈八字排放在盤中,刀鋒向
　內,叉面向下放置,餐畢刀叉在盤中呈十點二十分的位
　置。

3. 取菜順序,中西餐皆然,中餐圓桌以順時鐘方向旋轉取

菜，西式自助餐也以順時鐘方向取菜，不可插隊亂走。注意適量取菜，切忌拿了一大堆卻吃不完，或自私地拿光自己愛吃的食物，枉顧其他人權利。

4. 盡量不要點食用難度較高的餐食，像是帶殼龍蝦、肋排、蝸牛，或需要用手持的食物，這會冒較大的風險，商務飯局盡量選易入口的食材。

進餐禮儀

1. 閉嘴靜嚼食物，喝湯可吹涼，但不可吸食發出聲音，有食物在口中時，切勿講話。

2. 欲取用遠處的調味料或物品，應請鄰座幫忙傳遞，以免妨礙鄰座，甚至打翻桌上其他物品。

3. 打破或掉落餐具時，應等侍者來協助，如需侍者服務，應以簡單手勢示意，勿大聲呼叫。

4. 公共的食物，切勿直接入口，中、西餐皆然，應以公筷母匙取用到自己餐具中再食用。

5. 主餐上桌時，先品嚐原味食物，再調味（加胡椒、醬料等），表示對廚師的禮貌。

6. 西餐上菜的順序為開胃菜（Appetizers）、湯品（Soup）、沙拉（Salad）、主菜（Main Courses）、水果（Fruit)、甜點（Dessert）、餐後飲料（Coffee or Tea）。

個人禮儀

1. 不當眾擤鼻涕、挖鼻孔及剔牙。如有需要，應至洗手

間，打噴嚏或呵欠時應掩口。

2. 用餐期間，切忌高聲談笑、手機講個不停，尤其是後者，不但容易忽略招待客戶，通話的內容很可能無意中洩漏商業機密。

3. 用餐完畢，女士不應當眾擦口紅、補妝，更要注意避免在酒杯或餐具上留下唇印，如留有口紅印，記得擦拭乾淨。

4. 主人及賓客進食節奏最好互相配合，速度快者放慢，慢者加快。留心觀察到非語言訊息，讓賓主儘可能節奏一致，為宴會畫下完美句點。

飲酒禮儀

1. 工作應酬飲酒，雖可拉近賓主之間距離，仍應適量，以免誤事。

2. 入境隨俗，順應各國的飲酒文化，但仍應考量本身的酒量，避免酒醉失態。

3. 分別有餐前酒（半小時）、佐餐酒（1～1.5 小時）及飯後酒（0.5～1 小時）。空腹飲酒易醉，可先吃些油質含量豐富的堅果類，再行飲酒。

4. 中國人熱絡感情最直接的方式就是勸酒，以把別人灌醉為樂事，但有外賓在場，切忌在進餐時動輒敬酒及乾杯，西方人習慣悠閒小酌，而非狂飲。

5. 一般西餐常喝的酒，首推紅酒及白酒，紅肉應配紅酒（不冰），海鮮白肉則配白酒（可冰），不同的酒應搭

配不同的酒杯。

6. 開瓶由主人試酒，倒酒時，輕輕轉動瓶身，酒瓶不可碰到杯子，避免酒沿著瓶身滴下。

◾ 16.3　穿衣禮節 ◾

衣著的重要性

人要衣裝，佛要金裝

　　在專業形象上，外表的第一印象重要性更勝於內涵，這可由美國學者 Albert Mebrabian 教授所提出的「7/38/55」定律，得到驗證。初次見面，別人對你的觀感有 7% 取決於談話的內容；38% 在於輔助表達說話的方法，也就是口氣、手勢等等；55% 的比重決定於你看起來夠不夠分量、儀表夠不夠有說服力。

衣著所具備的意義

　　穿著的重要性，不僅代表一個人的身分、地位、教養，以及品味，也是民族性的表徵。每個人都應該穿出自己的風格及特色，合乎場合、年紀、身材及身分，要予人大方、穩重的良好印象，正確的衣著穿搭，能為個人的好感度，大力加分。

衣著影響職場升遷

　　衣著是商場上非常重要的工具，卻常為人所忽略，每個不同性質的工作，都有它必備的專業形象，合宜的穿著絕對是個

人職場加分的利器。《商業周刊》就曾提及，職場上的穿著不但要適合職業、職稱、年齡及身材，很重要的一點是，穿著須符合你想要的職位，而非目前擁有的職位。這樣能讓你更容易有升等的機會，因為在同資歷的競爭對手中，你將是看起最像符合該職位的最佳人選。

失當儀表，職位難好

如此說來，失當的儀表，不但容易錯失升遷機會，更可能會被賦予跟職位不相關的雜事。筆者長年擔任企業的國貿顧問，培訓國貿人才時，最常聽到的抱怨是，國貿業務要負責許多額外的工作，例如在趕工出貨時期，必須親至現場幫忙加工或包裝。面對微利時代的來臨，勞資雙方共體時艱，本是無可厚非，不過如果因此影響分內的主要工作，則茲事體大。仔細觀察，這些人的衣著，經常身穿 T 恤加牛仔褲上班，看起來就是一付要到現場幫忙的裝扮，而這種形象一旦建立，之後大概很難扭轉局面。

合宜衣著

接待外賓等商業場合，適宜的衣著打扮相當重要，寧可傳統保守，減少出錯的機會，遵守穿衣禮節，才能第一眼就給對方好印象，贏得對方的信任。

良好的儀表，是專業人員最基本的功課，相較於西方人注重穿衣哲學，東方人則較為輕忽。不過隨著西風東漸，文明素養提高，也逐漸有所改變。裝扮宜隨著工作性質及環境有所調

整，一旦對自己的穿著打扮深具信心，在工作中也會更有自信。國貿業務是需面對國內外客戶的專業人員，經常參與諸多的商業活動，像是開會簡報、拜訪客戶、參展、出席正式會議等，穿出專業形象絕對是達成任務的第一步。

女性衣著須知

1. 正式場合衣著以全套或兩件式套裝，剪裁須合身、質地須高雅，顏色以深色為佳，例如丈青色、深灰色、黑色等素色或細條紋為主。裙裝是最合適的專業裝扮，褲裝次之。不必著重品牌，以免形成商業活動中唯一的名牌愛用者，而與其他人格格不入，寧可低調保守。重要的是，唯有保持好身材，不必買名牌，一樣優雅有型。

2. 在非商業場合的社交聚會時，如果覺得深色套裝過於死板，可考慮其他顏色及樣式的套裝，配合適當的內搭襯衫、絲巾、飾品（胸針、耳環、手鍊、項鍊等，惟亮點不宜太多，越少越好）。

3. 配合套裝的皮鞋及皮包，勿穿運動鞋或休閒鞋，正式場合宜穿傳統包頭高跟鞋（1～2 吋），配合膚色的絲襪，露腳趾及腳跟均不宜。惟現今商業聚會，彈性頗大，不刻意講究傳統，可隨著聚會的性質調整。

4. 一般的商業會晤，宜配合衣著上淡妝，正式晚宴則上濃妝。髮型也很重要，如是長髮需挽起，切忌披頭散髮，短髮也應梳理整齊。可噴灑香水，但氣味不宜濃烈。

5. 注意口腔清潔，留意口中的氣味，以示禮貌。

6. 著裙裝時，應特別注意坐姿，交叉雙腿，宜併攏往左或右斜放。上車時，先坐入車內，併攏膝蓋，將雙腿移入車內，再調整坐姿，下車時動作順序則相反。

7. 進餐廳，脫外套或大衣先由最下面的釦子一路往上解開，然後放在寄放外套的櫃檯；如餐廳無寄放服務，則可掛在椅背上。

男性衣著須知

1. 具高質感，傳統而保守，著深色西裝最為得體，例如丈青色、深灰色、深藍色、黑色等，不一定要穿三件式的西裝，以免讓人覺得太正式拘束。商業場合以三個釦子的保守型西裝為宜，社交場合才考慮穿時髦的雙排釦西裝。就座時鈕釦可打開，起身則宜扣上，西裝除非是雙排釦，否則不扣最後一個鈕釦。

2. 內著長袖素雅的淺色襯衫，以白色為百搭首選。條紋襯衫配合素色的西裝也是很好的組合，選材質佳，像是絲、棉、麻等材質的襯衫。穿前將襯衫熨燙平整，袖口務必露出西裝外套，關於西裝顏色及襯衫樣式及顏色的搭配，如果本身沒有把握，可請教專業人員協助，以免自己亂配出錯。

3. 其他配件也是穿著的重要一環。首先是繫領帶，以藍色最容易贏得信賴，正式場合選格子或條紋圖案為佳，切勿選擇顏色太鮮豔或圖案太花俏的領帶，以免和西裝不搭配，顯得突兀。正式皮鞋宜選黑色，切忌休閒款式，

配合深色絲質襪子，勿穿白襪。使用較正式的商業用公事包或手提包，手機或鑰匙忌掛腰際。

4. 得體的專業衣著需要相關儀表配合。例如頭髮梳理整齊，切勿披頭散髮，尤其注意頭髮的清潔。夏天易流汗者，遇到重要場合，可用止汗劑防止汗水淋漓、體味四溢的尷尬狀況。留意口腔清潔，保持清新的氣味，以示禮貌。

職場衣著大忌

事實上，不合宜的服裝予人負面印象，不僅傷害個人形象，也會使他人對企業形象產生疑慮，尤其是經常必須接待外賓的國貿業務更需注意，穿著整齊合宜，讓多數客戶接受是重要的基本禮儀！

筆者遠赴國外拜訪客戶及參展時，經常發覺部分國貿人對於衣著不甚講究，甚至失當。在某次國際展，就曾見識某攤位的接待人員，四天展期都穿著小可愛加短褲，外加拖鞋式涼鞋，雖然青春無敵，愛展現自己無可厚非，但是場合不對，就顯得非常突兀。以下列舉幾個職場穿衣大忌，應注意避免。

邋遢休閒

國內傳統製造業及電子產業，為求管理方便，經常規定員工穿制服。限於經費預算，對於制服的款式及質感並不要求，穿了一段時間就鬆垮、起皺，由於這樣的服裝，再怎麼打扮也好看不起來，以致產生「破窗效應」，許多人不但習慣不修邊

幅，且上班力求輕鬆舒適就好，辦公室內甚至穿襯衫及拖鞋，輕忽最基本的服裝禮儀。

花俏時髦

越來越多新新世代一味追求時尚，也不管適不適合自己的身分，上班穿得像服裝表演，穿著標新立異，或是款式、顏色、圖案過於繁複，令人對其專業持懷疑態度。另外，也應避免穿名牌服飾，尤其是年紀輕、職位低者，除了看起來不搭調，也容易招忌，引人非議，其實個人的品味遠比品牌來得重要。

性感暴露

在正式的商務場合，千萬別穿太養眼的衣著，例如緊身露肚臍短 T 恤、小可愛、超短迷你裙，及低腰熱褲露出丁字褲頭等。即便是流行趨勢，也不宜當作職場穿著。除了露胸、露肩、露大腿等衣著不宜之外，具有透視身材效果的薄紗服裝亦應避免，過於性感暴露的穿著，很容易予人輕浮的錯覺，亦讓人醉翁之意不在酒，而想入非非，本末倒置忽略其專業表現。

過緊或太寬鬆的衣著

不管男女，都可能會遇到身材發福、嚴重變形的時候，一旦如此，應避免勉強將自己塞入發胖前所穿的服裝裡，否則自曝其短，不但好笑，也不莊重。解決之道是，減回原來的體重，或將衣著全部換新。除了過緊衣著不宜之外，太寬鬆的服裝會顯得一付懶散的樣子，合身的衣著才能讓人看來精神奕

奕，充滿能量。

與年齡、身分不符的裝扮

適齡穿著是最加分的打扮，熟齡者常犯的錯誤首推裝扮太年輕，抓住青春尾巴的心態多數人都有，私下休閒時無妨，職場上則應避免，因為看來不莊重也惹人訕笑，尤其是專業人士或高階主管更不能因此失儀；反觀剛入社會的年輕人在職場上則應避免全身穿戴名牌等炫富的裝扮，不但容易遭忌，太高調也與職位不符。

▚ 16.4　住的禮節 ▚

國際商務人士經常必須往返世界各地，住宿外地的機會頻繁。進出飯店的禮儀，對於資深人士可說是駕輕就熟，出錯的機會較小；如果是剛出道的菜鳥，行前務必多做功課，注意細節，以免失禮。

入住

1. 一般跟團者，由領隊統籌「check in」，再將房門鑰匙交由團員；個人入住，則由自己辦理。飯店服務人員會協助拿行李到房間（需給小費），如果行李不多，可自己拿就好。

2. 現在的飯店房門鑰匙多數為磁條卡片，有些飯店考慮安全問題，甚至必須以卡片才能啟動電梯，這種卡片鑰匙

容易毀壞，而無法打開房門，必須到櫃檯更新使用。號碼鎖則需要技巧，按太快容易形成亂碼而打不開，切忌隨便請其他人代為開啟，以免洩露房間密碼，安全堪慮。

3. 有些國家對樓層的定義不同，可事先詢問服務人員，以免找不到飯店大廳。除此之外，商務客也需了解應在哪個樓層享用早餐。

4. 商業旅行有時會像抽中「籤王」一般，入住歐洲有些蓋在斜坡上的老式飯店，大廳到住房只有一條高低不平的通道，並無電梯，必須拖著行李一步步爬樓梯，入住非常辛苦，此時便可麻煩服務員將行李送到房間了。

5. 外出前記得要一張飯店的名片，以防迷路或叫計程車時可派上用場。在治安較差的國家，外出需搭車，最好請飯店代叫合格計程車，較為安全，雖然費用稍高，但安全有保障。

住房設施

1. 進入房間應詳讀房間設施，通常會有燙衣用具、保險箱、兩瓶免費礦泉水（冰箱裡的飲料及食品均要付費）、迎賓水果或巧克力。不方便外出用餐，可利用飯店內的「Room Service」。

2. 歐美國家、日本的自來水可生喝，要喝開水可直接取浴室的自來水飲用，若不習慣生飲，房內多附有熱水壺，可供燒開水。

3. 浴室內通常附有兩條隱形繩，一條是晾衣服用，一條則是緊急求救用，應避免拉錯。有些人喜歡蒐集飯店內的一些小東西，惟必須注意的是，除消耗品（清潔用品，飲料包，紙拖鞋等）可帶走外，其他的用品切勿順手牽羊。

4. 除了部分開發中國家之外，目前多數商務飯店房內均設有上網設備，分別是有線上網及無線上網，需付費或免費不一，可先詢問清楚。如果房內無上網設備，可至飯店商務中心使用網路設備。

住房禮節

1. 洗澡時要將浴簾放入浴缸，以免水濺出太多，而淹沒房內的地毯，甚至禍延下一樓層的天花板，飯店會提出損壞索賠。

2. 飯店提供的拖鞋不可穿出房間外；有些人在飯店內吃早餐會穿拖鞋，非常失禮。另外，除了在日本的溫泉旅館可以穿著日式睡衣外出，其餘地方均不適宜。

3. 味道濃重的食物不可帶進入飯店，例如榴槤，以免讓其他旅客不適。

4. 飯店浴室內備有大、中、小毛巾：大型浴巾是用來包裹身體；洗臉應該用小型毛巾；而中型毛巾則是洗髮後擦拭用。使用完畢不可亂丟，保持整齊為宜。

5. 有些飯店為了因應回教人士如廁後不使用衛生紙擦拭的習慣，馬桶旁會備有一個沖洗槽，供回教徒沖洗用。

6. 住宿後退房前，記得要將小費放置在枕頭下，給清潔整理房間的服務生，可以美金壹元紙鈔或當地貨幣，小費最好給紙鈔較禮貌，因為零錢感覺是給乞丐及街頭藝人的。

7. 外國人對於臺灣的參展團，會將兩個陌生人分配在一個房間同住，感到不可思議。這雖是節省經費的好方法，正向的看法是可認識新朋友，但也可能踢到鐵板，引發許多意想不到的不便。與他人同住，必須注意禮節，以不影響他人的作息為基本禮貌。尤其現在資訊發達，手機、筆電方便聯絡，但也造就諸多不便，有些人半夜還在上網 skype，或手機響個不停，如果本身工作需要如此，宜住單人房以免影響同住室友，畢竟良好的睡眠對繁忙的商務人士而言，相當重要。

擴大飯店的利用效能

1. 出遠門如果臨時需要禮服行頭，可向行李間借用，惟必須注意尺寸，尤其是東方人與西方人的體型差異較大，須慎選。

2. 多數的飯店設有健身房及桑拿浴設備，有些甚至備有游泳池。供住客忙一天後，可藉由這些設備鬆弛一下緊繃的情緒，消除全身的疲勞，惟指壓按摩則需另外付費。

3. 除非住的是有客廳的套房，否則會客都應選在大廳。另外，可善用大廳的咖啡廳跟客戶約見面談生意，經濟實惠且效果佳。如果預計跟客戶約在飯店見面，則在選擇

飯店時，務必將等級列入考慮，不能選太差的飯店，一來會讓客戶印象不佳，二來則可能無大廳的咖啡廳可供治商之用。

4. 善加利用大廳經理（Lobby Manager）的服務，他就像你下榻期間的私人管家，各項疑難雜症都可找他協助，舉凡機位確認、觀光景點推薦、外幣兌換、餐廳介紹、叫車租車、購物推薦、找醫院、遺失物品找尋等。

5. 如果隔天清晨要退房，宜在前一天晚上先行辦理退房手續，結清所有款項以免一大早過於匆忙，而擔誤行程，如需延後退房也應治詢櫃檯，確認是否須加收費用。

■ 16.5 行的禮節 ■

俗話說：「行萬里路，勝讀萬卷書」，國貿人在工作中最能增加視野的一環，莫過於能周遊列國，翱翔千萬里。隨著工業的發展，大眾運輸的發達，公車、火車、地鐵、飛機、船等讓全世界宛如一地球村，縮短國與國之間的距離，讓所有旅客，都能輕鬆穿梭於國際間，正因如此，我們更須了解行的禮節。

行的接待

1. 接待賓客時，行走的順序以「前尊、後卑、右大、左小」為最高準則，並行時以走內側為最安全。

2. 女士無論行走、彎腰、蹲、坐時，均應注意姿勢正確及

儀態優雅。

3. 關於開門禮儀，前者為後者、男士為女士、職位低為職位高者開門。

4. 搭乘電梯時，先出後進保持禮貌距離，男士或服務者應先進電梯為女士或賓客服務，站於電梯按鈕前的人有義務幫忙別人按樓層。

5. 遇到須上下樓梯或轉角時，應事先說明，上樓梯時，職位低（接待者）在後方；下樓梯時，職位高（賓客）在後方。

6. 共乘是當今很流行的趨勢，由朋友開車大家共乘，當眾人依序下車後，如副駕駛座空出，後面乘坐者必須往前遞補，否則讓駕駛者變成司機，相當失禮。

車位的安排

1. 搭乘轎車時，男士應為女士開車門，協助上、下車，此為基本禮儀；女士在乘車時，應注意上下車優雅姿態。

2. 接待貴賓時，如有司機駕駛的轎車，以右後方為主位（駕駛座的斜對角）。

3. 主人親自駕駛的轎車，則以右方主位（駕駛座的隔壁）。

4. 主人夫婦駕駛的轎車，賓客夫婦則坐後座，並按國際禮儀，與前座男女交叉坐。

海外商務旅行的準備工作

1. 策劃旅行事宜，視跟團體或個別前往，而有不同的準備；不跟團的話，事先的策劃更是需要周詳。

2. 選擇優良旅行社：申請簽證、訂購機票、確認機位、特殊餐食預定。

3. 投保旅遊平安險，以刷卡購機票付團費，也會享有免費旅遊平安險、海外全程意外險及旅遊不便險。

4. 在國內預先結購外匯，兌換匯率較划算、準備零錢小鈔，尤其美金壹元紙鈔多換些，可當小費。

5. 攜帶必要物品即可，個人行李勿超重，航空超重費所費不貲，一般推運行李每人約 20 公斤，隨身行李不得超過 7 公斤。

6. 注意本地/當地的海關規定，一般均須起飛前提早三小時到達機場，以利進行安檢。

7. 機上須確實遵守航空公司規定，全世界機艙已全面禁煙，切勿躲在廁所抽菸；起飛及降落時禁止使用電子產品等。

8. 長途飛行在轉機空檔，可利用機場貴賓室稍作休息。貴賓室的服務項目豐富，包括：美食充飢、美酒飲料、健身房、看電影、上網、沖澡等。

行的安全

在國外旅行，遠比在國內充滿風險，畢竟是個未知也不熟悉的國度，出門在外小心為要。

1. 在國外，如果必須自行前往目的地，除了事先查明乘車及路線資訊外，選擇安全的交通工具也很重要。如果無法搭大眾交通工具，而需搭計程車時，最好由飯店代叫契約計程車較安全，女性盡可能避免單獨搭計程車。

2. 盡量結伴外出，不要落單。清晨及深夜，狀況較多，應避免外出。

3. 在先進國家也應有所警戒，不應掉以輕心。像歐洲的吉普賽人，常在人多的地方，例如著名的大教堂前，趁著人潮擁擠時下手行竊。同時也要預防街頭攤販，藉機詐騙敲竹槓，女士的背包一定要注意，避免在行走時被搶。

4. 許多先進大都市的大眾交通工具，由於搭乘人數眾多，往往是治安的死角，犯罪的溫床。像是地鐵、捷運、公車、火車等，尖峰搭乘時可能遇扒手，離峰搭乘時又可能遇搶劫，人身受到攻擊更危險。

17
國際商務談判

▚ 17.1 國際商務談判的意義 ▚

　　商務談判（Negotiation）通常會發生在更進一步的交易關係時，目的不外乎尋求彼此的利益、謀求共識、解決歧見、雙贏合作等。議題不嚴重時，不視對方為敵手，目的不是爭輸贏，而是想建立雙贏的合作關係，此時應該解釋為「溝通」較恰當；議題嚴重時，視對方為敵手，彼此都必須捍衛自我利益，強調唯有按自己的意思達成的協議，才能接受，此時則應解釋為「談判」。

　　一般而言，談判雙方磋商的核心，不外乎是產品或技術價值的認定，而價格最能表徵此兩者的價值。不論是交易或索賠，雙方總會在價格上爭執，各執己見毫無共識的話，往往兩敗俱傷。談判破裂，出現僵局，最糟的是可能從此分道揚鑣，永不合作，這是最差的談判結果；最佳的談判結果則是令雙方

都能從中獲利，若能達成雙贏的局面，合作關係就會繼續，屆時雙方必定互蒙其利。

然而，交易複雜趨勢日漸明顯、專業的採購人員劇增，談判不僅只於價格方面的討論，範圍更擴及售後服務、投資合作、法律條款、智慧財產權，及其他相關條件，而須視情況列入談判的範疇。更重要的是，要明白國際商務談判的正面意義，才能順利達成目標，談判時需注意下列幾點：

1. 盡力消弭雙方歧見，談判以意見一致為目標，萬一談判未達成協議，中途退出待日後再議，避免做出不利我方的決定。

2. 談判所達成的協議，是以雙方長久合作關係為基礎，避免意氣用事，破壞大局。

3. 除了語言上的溝通，亦可透過肢體語言傳達訊息，審慎地觀察，談判時可作為適當輔助。

4. 文化差異會影響談判，宜在談判前先了解對手的文化及談判風格。

5. 談判人員應熟悉國際禮儀，包含：常規禮儀、衣著服裝、餐桌禮儀等，使言行舉止更得體，贏得對手的好感與信任。

▚ 17.2　國際商務談判的種類 ▚

國際商務談判中的要項，包括：交易對象（人）、交易標的（物）、交易價金（錢）、交易條件（條款）、相關法律規

範等。在談判的過程中，必須就相關的貿易條件及法律規範，一一討論，最後達成雙方共識的協定。在國際商務談判中，常見的議題內容如下。

買賣交易談判

此類是商業談判中最常見也最簡單，買賣雙方就欲交易的標的物——產品，進行品質、交貨、付款、價格、數量、包裝、保險，及售後服務等條件的協商，若結果雙方都接受，則買賣交易成立。

研發合作談判

客製化盛行的國際交易型態，買主跟製造廠一起研發合作新產品的案例越來越多。雙方長期的密切合作過程，牽涉範圍較廣，可能會涉及技術轉移、專利權、開發費用、產品權歸屬等，通常談判的時間會較長，細節會更周詳。

合約談判

常見的種類有：代理、企業合併、顧問、租賃等。國際貿易的談判，又以代理合約談判最常見，其談判的重點大約是代理方式（採購代理、佣金代理、售貨代理）、合約有效期及年限、年銷售量、代理區域（獨家或非獨家）、代理產品、交易條件權利及義務界定、爭議及仲裁、拓銷的責任與負擔範圍等。尚有其他細節，依產業別及產品別不同，而特別訂定。

客訴糾紛談判

在買賣交易發生糾紛之際，雙方通常希望透過談判協商使紛爭消弭。剛開始只是在抱怨（Complaint）階段，如果處理不好，往往演變成索賠（Claim）的狀況。常發生客戶抱怨或提出索賠要求的原因歸納如下：品質不佳、包裝不良、產品不符、貨物毀損、短裝出錯、延誤裝船、文件錯誤、違反合約、取消合約等。除了買賣雙方是談判的主角，有時根據責任歸屬，會加上船公司及保險公司。

∴ 17.3 國際商務談判的技巧 ∴

國際商務談判的方式

書面談判

國際間的商務談判如果受限於空間及時間，或協商的議題較簡單，不用非得雙方人馬面對面進行會晤方能解決之外，可採以信函、傳真、e-mail 等書面談判方式。一般國際貿易上，買賣交易談判、合約談判，通常皆經由書面方式進行，方便、經濟又具效率。

當面談判

茲事體大的談判議題，溝通細節繁多，範圍較廣，必須藉助雙方會晤，面對面協商，方能談出結果。一般國際貿易上，以投資合作談判、客訴糾紛談判較常採取此方式。藉著面對面，可商談細節取得共識，更可藉由見面三分情，讓事情有轉

圍的餘地。

e 化談判

國際間的商務談判，如果受限於距離及時間，需長時間溝通的議題，例如研發合作談判，以書面談判，雙向溝通稍嫌不足；當面談判，雙方又得大費周章，耗時費日且高成本。現今科技進步，透過電腦視訊會議，可讓談判的雙方或數方，在約定時間下，跨國展開談判，也可是重大議題的暖身賽，雙方或數方先經由視訊協商初步的大綱，再透過當面談判協商議題細部，不失為前述兩種方法的折衷策略。

國際商務談判的程序

商務談判的步驟，大致可分為三個階段：

前置階段

在國際商業談判中，談判是在具體的環境中進行，因此時間、地點、人員，是對談判進行產生最大影響的金三角，準備談判前必須考量的關鍵，以期達到天時、地利、人和的優勢。

談判時間的重要

談判的時間必須考慮當地時間及本國時間以利進行，避免在假日及節慶前後進行，約定了時間則務必準時，談判時間切勿冗長，在既定時間無法取得共識，宜擇期再議。

國際談判，顧名思義就是在國際間進行，而這也會產生時差的問題。時差所帶來身體上的不適，會使人無法集中精神，對談判效果影響甚巨，不可不慎。如要克服時差問題，可提早

1～2 天到達當地，先適應時差，時間上的選擇，也應選擇自己有利的時間。另外，來訪者遇談判拖延的情況，若感到自己被迫讓步的壓力，可按原行程先離開，擇期再議較妥。如果來訪者是談判中較具優勢者，他們會以固定的行程計畫壓迫東道主簽約就範，大採購商就常以此策略跟其供應商談判，逼迫供應商在時間內做決定簽約。建議供應商應依長遠的合作計畫來看，不要倉促達成協議，盡量延遲簽約，以利日後再談。

談判地點的選擇

通常談判地點有己方、對手方或第三地等三種地方可選。由於地點的選擇攸關談判成敗，輸贏之差往往就在是否具備主場優勢，如果雙方都堅持在己方談判，一般最好選在第三地以消弭爭議，例如雙方都在第三國展覽時，談判就選在當時進行，這對雙方而言，是較公平的地點又節省費用。另外，更先進的方法是 ，由於網際網路的發達，利用電腦視訊，雙方隔空進行談判，既節省經費又更輕鬆。

談判人員的選擇

合適的代表人物是談判成功的重要因素之一，必須具備的人格特質有：精明專注、開朗個性、超凡耐力、自信過人、決策果斷、善於表達、情感穩定等。至於另一個重點是，語言能力，可以嚴謹、清晰、精確的語言，充分表達意見，陳述立場，以便進行談判時，溝通與交流無障礙，易於說服對方，達到最佳的談判結果。如果公司內部無適任者，或適任者無法前往，可向外尋求專業談判人才或顧問的協助。

談判過程

一筆國際交易或問題產生的談判，需要的時間較長。事先設定議程，談判者應在事前考慮各議題，模擬演練，提早準備，準備越完備，談判越容易成功。

前置作業

此即為準備階段，準備越周詳，越容易掌握勝利。其中最為重要包括：雙方談判前確定談判小組的成員、談判相關資料的準備、蒐集對手資料、策劃談判戰略及確定談判底線、進行模擬談判、選擇談判地點，時間及使用的語言。

另外，在談判前，可先與對手共同設定議程，可收事半功倍之效。藉此步驟，雙方可先相互了解建立默契，以及他們是否有我方未考慮到的議題重點，設定共同議題是談判前的暖身活動，藉此共同努力，增加己方跟對手達成協議的機會。

談判議程

俗說話：「好的開始是成功的一半」，議程的開始是決定性的重要時刻，一旦開始，就可嗅出接下來的後續發展。如果氣氛融洽和諧，往往有好的談判結果；反之則可能無法達成協議，甚至破局。因此，宜從輕鬆的外圍話題營造輕鬆氣氛，避免一開始就陷僵局，以雙方容易達成協議的話題切入，再逐漸轉往核心議題。

接著，磋商的階段，雙方為維護自己的利益，展開脣槍舌戰，期間可能會出現僵持或較激烈的討論，語氣可視情況軟硬兼施，但切勿動怒。如果此時雙方意氣用事，議程可能因此中斷，導致談判破局，建議先休息一下，緩和情緒後，再繼續議

程。

最後，雙方根據自己的目標及籌碼，仍會有一些彼此存在的歧見要解決，或意見紛歧嚴重，陷入僵局，拖下去難以善後，甚至情勢會更糟時，則須啟動妥協機制，以利結束拉鋸戰。可由談判人員洽詢公司高階的負責主管，授權作策略性妥協，像是有效讓步或條件交換，若談判結果超出我方底線甚多，無計可施時，可藉故退出談判，例如請示上級主管未獲同意，或談判人員權限受限無法簽約等藉口，擇期再議，惟此技巧須謹慎，不可濫用。

談判結束前，必須再作個結論，把整個議程所達成的協定，一一重述，確認是否完備或有所疏失必須修正，如無誤，應請雙方書面簽署備存。

協定技巧

談判合約協定中，多數是口頭表達，應以口頭協定精確轉換到文字記錄，充分表達雙方立場為宜。談判中，逐一討論及修改文字內容，結束談判時，注意雙方所持的文稿均具一致性的表述。不過，在正式簽署前，仍須經過文字逐一嚴審，以免因字句的疏失，造成其他枝節狀況產生。談判高手會要求與會者在每個議程所討論的協議上簽名，儘管此舉未具法律效力，但至少是一項談判進度的有力記錄。

合約全文必須前後貫通，需互補互存，不能相互矛盾。合約至少要有三份，雙方各執一份外，另一份須給公證機關查存，唯有經過公證的合約，方有依據。

履行階段

檢視履約進度

按照談判議程中所協定的履約時程追蹤進度，到期前，先去函提醒，唯有按時程盡快解決，切忌拖延，以免夜長夢多而生變。

違約進行索賠

如對方未按時履約，經催告仍置之不理，則可進行違約索賠。可要求金錢賠償損失，或非金錢賠償損失，像是要求履約、取消契約、拒絕往來，甚至可考慮道德制裁（通報同業、通知貿易主管當局列入劣客黑名單）。惟須注意，走到這一步，雙方關係已是決裂，宜謹慎使用。

協定達成總結

這是最圓滿的結局，雙方均按協定進行，經過成功的協商，簽訂合約。有些國家向來注重自我權利，因此，倚賴訂定嚴謹的合約，保障公司不受各種爭端及事故的傷害。因此，合約內容繁瑣、鉅細靡遺，美國就是很典型的例子。有些國家的文化較注重人際關係，解決爭端不完全依賴法律，而是端看雙方的合作關係及交情，這類的合約內容通常簡短，主要描述雙方的責任，合約條款則並不嚴謹。

談判語言的重要性

在國際商務談判中，最大的障礙是在語言方面。儘管大多數的國際談判均以英語進行，然而即便以英語為母語的國度，各國的英語能力仍存在相當程度的差異，更何況非英語系國

家，對於以英語進行談判，遑論加深交流的難度。因此，擔任國際商務談判人員，除了必須精通使用的語言（英語或是其他指定語言）外，盡量用清楚簡易明確的英文，避免用俚語、雙關語、多義字溝通，以免引起反感，造成誤會。若是難以了解對方的談話，我們可用我方的認知，再次跟對方說明一次，確認我方理解是否有所疏失，而對方是否也完全理解。

文化習俗與談判風格

鑒於各國文化差異頗大，談判風格也大相逕庭，同一民族或相同文化背景的人，會出現相同的風格；不同國家或區域，也存在著明顯的差別，形成談判風格，主要是受到個人的性格、文化素養及文化背景的影響。

人們在不同文化的溝通中，約略可分為兩種型態：一是高情境文化（High Context Culture），東方人大概皆屬此類，其特點為重感情、憑直覺、自尊心強，多數溝通需藉由非語言訊息的幫助，不希望太直接的剖析，較接受委婉客氣；其二為低情境文化（Low Context Culture），西方人則屬於此類，其特點為重理性、憑邏輯，溝通需藉由語言坦白而直接，重視現況，講究效率，不拐彎抹角，喜歡顛覆傳統。

兩種文化代表了絕對不同的觀念及溝通方式，還包含語言種類、言語溝通及非言語溝通、風俗、價值觀等不同的認知，必須事先了解，並採取合適的應對方式。

歐美日談判風格分析

歐洲各國	美國	日本
傳統的個人主義	個人奮鬥的個人主義	傳統的集體主義
個人領導	個人領導	集體一致領導
背景決定地位	成功決定地位	職務決定地位
注重誠實	注重獎勵	注重名譽
沒有耐心	非常沒有耐心	很有耐心
簡短準備	很少的準備	長時間的準備
公平報價	合理報價	漫天報價
適當讓步	很少讓步	很大讓步
有一定權利	有全部權利	沒有權利
採用說服策略	採用進攻策略	採用協調一致策略
提供允諾	進行威脅	信守合約
注重邏輯	注重事實	側重直覺
追求滿意的交易	追求最好的交易	追求長期的交易
避免損失	獲得勝利	取得成功
講究禮儀	不拘禮儀	講究禮貌
注重人際關係	重視法律	重視人際關係

資料來源:《外貿談判研究》郭秀君/瀋陽‧遼寧人民出版社/1998。

■ 17.4 國際商務談判的注意事項 ■

談判心理學的應用

　　古云:「攻城為下,攻心為上」,談判視為作戰,則最佳策略就是跟對手打心理戰,令對方能心悅誠服,不必耗費太多的資源而達到共識,可利用下列的心理戰術及步驟進行談判。

　　談判者的心理狀態非常多元化而豐富，有些是正面的情緒，有助於談判活動的進行；有些則是負面的情緒，容易形成談判活動進行的阻礙。

辨識情緒

　　表情及肢體語言往往會洩漏心理狀態，談判過程開始時，可就談判者的表情及肢體語言，逐一判讀對方的心理狀態。根據分析，採取適當的對策，談判者宜具備基本的心理學基礎為佳。

　　談判過程中，非語言的訊息是輔佐判斷對方心理狀態的重要依據。不過，身體語言與口頭表達的語言不同，無法具體說明與表示，過度倚賴現有的心理學書籍當作解讀，會產生以偏概全的誤差，所謂：「盡信書不如無書」，要培養解讀別人肢體語言的能力，應隨時觀察人，培養敏銳的觀察力，聽其言且觀其行，避免被言行不一的人以障眼法誤導。

　　身體語言的五大要素有：風度、外表、姿勢、表情、目光。其中以目光為首要觀察重點，孔夫子曾說：「觀其眸子，人焉廋哉。」眼神最容易洩露心中的想法，對人的觀察能力，需靠個人經驗累積，不斷練習才能熟能生巧，並辨識出所觀察到的身體語言，是下意識出現的，還是經過掩飾的障眼法。

說服技巧

　　從對己有利的論點開始進行說服對手，步步逼近核心，說服過程中，需視情況適時讓步，但切勿讓步太快，助長對手貪念。即使心中的情緒波濤洶湧，但外表及語氣仍要維持平穩，

以免自亂陣腳，讓對手有機可乘。這是一場智慧鬥爭，沉得住氣者，勝算較大。談判場合在你來我往的脣槍舌戰中，雙方難免虛言假語，常需利用策略性謊言，試探對方虛實。

不過，這些虛招只能用於過場，真正談判的力量，仍以「揚長避短」最具說服效果，著重渲染所具有的優勢，避開提及不足的劣勢。

冷靜傾聽

身處談判場合雙方容易情緒激動，極力想陳述對自己有力的論述，達到先發制人的局面。不過，很重要的一點是，雙方往往忽略傾聽對手的論述，談判者在本身發表論述之後，接下來更應仔細聆聽對手的敘述，才能從中發現破綻，或是找到能打動他們的著力點，以便增加談判籌碼及提高勝算的機率。

雙向溝通

藉著談判中雙方的論點交流分析，找出可達共識之處。有時話說得越多，越容易出狀況，這就是所謂的言多必失。最佳對策是在對方語畢後，先克制自己想開口的衝動，將焦點放在他們的發表論點中透露多少訊息，針對有利己方訊息的論點發問，並仔細聆聽其回答。溝通風格會透露出，我方是否尊重其他談判者的訊息，這也會成為他們對於我方是否履行協議承諾的判斷依據。

自信心

由於文化背景及教育差異，西方人普遍較東方人要有自

信，而亞洲人也容易有矮人一截的自卑感。尤其面對要與陌生人進行談判，總會有莫名的緊張及恐懼，覺得對手比自己優秀。而懷著最壞的打算前往談判，還未上戰場，氣勢已輸掉一半，若加上談判者有過失敗的談判經驗，那揮之不去的心理夢魘，更是談判進行的一大阻礙，談判結果因而落得惡性循環的下場。個性負面或情緒容易激動的人，內心往往自信不足。為避免此結果，除了應遴選深具自信的談判者之外，可利用談判前，雙方溝通過程中，建立熟悉對方的機制，消除陌生感，使情緒放鬆，也可多了解對手虛實，建立自信心。

謹慎使用心理戰

情緒槓桿

對手的心理狀態，隨著談判的進行，而起伏不定，利用溝通技巧，取得有利先機。談判標的如果是不棘手的事件，則可利用正面心理戰術；但如果是麻煩的事件，除了以正面心理活動攻勢之外，尚須利用些負面心理戰術，打開僵局。例如虛榮者，說服技巧只要讓其滿足虛榮心，對方很快就會得意忘形，主動妥協；衝動者，只要設法觸及其自尊心，讓對方感情用事，立即做出非理性的讓步。但須切記，利用負面情緒只是一種技巧，讓對方不再堅持己見，我方在最後仍必須釋出善意，達成雙方都可接受的結局。

攻防策略

要在談判中得到需要的資訊，非得借助發問問題不可，這

也是談判的重要內容之一。但是總會遇到防禦心重的對手，不但不透露資訊，反而想找自己需要的資訊，其所用的策略就是不斷地以問題疲累轟炸，態度咄咄逼人，我方除了回答前應三思拖時間外，面對有利害關係的問題，還可反問對方：「為何要問這樣的的問題」，藉此釐清發問動機，也將問題拋回給對方。如果他們未針對我方的反問做出回應，則對手可能對所提供的資源有所隱瞞，可採「以其人之道還治其人之身」的方法，也可開始向對方提出一連串問題，惟仍須適可而止，避免使談判陷入僵局，畢竟沒有絕對的誰是誰非，說穿了就只是彼此的立場不同而已，「人情留一線，日後好相見」。

談判中常犯的錯誤

談判資料準備不充分

這會讓準備充分的對手有機可乘，以完整的資料反擊我方的弱點，讓我方啞口無言，失去反擊的優勢。

以嚇阻取代勸服的方式

這是談判的下策，除非要跟對方終止合作關係，不然以威脅嚇阻的方式，不但無法解決事情，更容易使談判陷入僵局，甚至決裂。

忽略談判給予及獲得的原則

談判的目的並非爭奪輸贏，主要的目的是，達成雙方都能接受且滿意的協議。一味強調獲得權益，未及時釋出給予對手

的誠意，亦讓對手放棄善意而加深敵意。

失去耐心，情緒失控

漫長的談判過程，體力的耗盡，加上議題陷入僵局無法突破，很容易讓人失去耐心，甚至情緒失控。一旦有一方如此，另一方也會開始情緒化，進入非理性溝通，而容易負氣，做出錯誤的決定。

一直表達意見，缺乏傾聽

此舉缺乏雙向溝通，會令一直傾聽的對手無法解釋，升高問題的複雜性，造成彼此更大的誤會，有時也會讓專注傾聽的對手，更容易找到矛盾的反擊點。

持續爭論，忽略衝突的殺傷力

在雙方你來我往，火力全開的脣槍舌戰中，如未適時冷靜處理，容易造成雙方持續爭論。解決事情變成意氣用事，到最後，爭論點演變成已不是原來的議題，而是雙方爭論的情緒言語，捨本逐末，得不償失。

17.5 實際案例研討

國際交易往來，經常發生雙方針對各種事由的談判，除了價格外，就屬客訴議題最為常見，茲舉客訴案例如下：

某日外銷家具接到中南美洲客戶的客訴來函，由於交易金額不小，出口商可能面臨巨額的賠償，不可不慎。

Dear Monica,

We are experiencing a massive quality problem in Venezuela with your products. A lot of chairs have been returned by buyers due to gas lift columns pass through the base hole after few days in use. We have always reminded you that your company must take care strictly about quality Control of the whole components used in chairs we buy.

We have in this moment the complaint and a big claim from our main customers in Venezuela which is willing to cancel all future purchase orders due to this problem. If you have not loaded new three containers and base supplier is the same, please stop it for one week in order to check bases one by one and avoid new quality problems.

Otherwise it is going to cost us apart from the commercial relationship with our customer a hell a lot of money in penalties and indemnities.

Awaiting your urgent reply.

BEST REGARDS,

Armigo Vergara

內容中譯：

貴公司給委內瑞拉的產品，在品質上出了很大的紕漏，很多椅子被消費者退回，原因是椅子在使用幾天後，氣壓棒就從

底座孔中穿出，我一直提醒你，出貨前，每張椅子的所有組件必須要嚴格檢查過。

目前我們主要的委內瑞拉客戶要向我方索賠，也因此問題，想要終止日後的訂單，尚未出貨的三個貨櫃，如果底座的供應商跟先前是同一家，請先延後一星期出貨，產品逐一檢查，避免再發生其他問題，否則除了會危及我方跟客戶的生意關係，也將會造成我方需面臨巨額的罰款及賠償金。

請盡速通知！

談判前置處理

安撫客戶

首先去函跟客戶表示遺憾，會盡速處理，達成可令雙方都滿意的協議，並允諾如果是我方疏失，理當全權負責。

釋出誠意

向對方表示將親自造訪，當面致歉，並查明問題所在，若進口商以諸多藉口婉拒我方親自造訪，只好委請客戶寄回一個損害產品的樣品，以供查證。

談判準備過程

展開調查

家具工廠的組件（氣壓棒及底座等）係外購產品，先跟各供應商調閱出廠品檢記錄，釐清責任歸屬；經查證後，所有組件均是合格狀態出廠。

發現著力點

收到客戶樣品，仔細檢查後，發現了諸多疑點，可能係人

為破壞，家具廠及供應商接著蒐集各種資料，以利跟對方展開協商談判。

準備佐證利器

家具廠將產品送到專屬的重擊測試中心，以儀器重擊測試，出具測試結果報告，顯示對家具廠極為有利。

展開談判

1. 由於此客戶係家具廠的大客戶，儘管疑似對方有故意栽贓之嫌，仍須謹慎處理，以免造成對方惱羞成怒，不但沒解決問題，也可能從此中止雙方的合作關係，回信措詞遣字都必須留心。

Dear Armigo,

Thank you so much for your explanation about the problems the damaged chair bases are causing for you. We agree with your comments and will do our best to resolve these concerns. Now our base supplier has provided us test results in order to prove the quality of their bases meets our specifications. We are forwarding their test results, below, for your review and opinion.

First, we enclose four pictures as attachments for your reference.

Photo A: This photo shows a chair base after a 52 kgs sandbag was dropped 72000 times on the canister by a testing machine. Note that the lift cylinder has penetrated the base and is resting on the ground

Photo B: This photo shows a canister after a 52 kg sandbag was dropped 38000 times on the canister by a testing machine. Here, the lift cylinder has penetrated the bottom of the chair base, but has not been forced to the ground, as in Photo A.

Photo C: This is the damaged base which we sent to you. Note that the lift sylinder appears to be suspended in midair. Our supplier argues that, logically, if a person sits in the chair, and the canister passes through the base hole because the person is too heavy, the canister should stop when the top of the canister is flush with the top of the height of the base. In other words, the canister should not appear to be suspended in midair.

Upon inspection, and based on this argument, the base supplier said this damage can occur only if the base is subjected to external forces other than normal use. They therefore denied all warranty claims unless we can show them this damage is the result of normal use.

Armigo, please do not worry, we will absolutely stand by you. Because our company sold these chairs, we will certainly take responsibility for them. Please do me a favor and present a reasonable explanation for the damage that does not contradict the test results that were supplied. This will help us better serve you, and will enable me to continue to work with the base supplier to resolve your concerns.

Of course, I welcome your suggestions regarding how we can best solve this issue and meet your expectations. Please let me know if you have any ideas how we might move forward to resolve these problems. Your satisfaction is a top matter for us and we want to solve this problem as soon as possible.

Thanks in advance for your great assistance. Looking forward to hearing from you soon.

Best Regards,
Monica Lee

內容中譯：

謝謝您詳細且明確提出關於椅腳損壞一事的意見，原則上，我方同意您的看法且盡力解決這些問題，目前因為椅腳供應商，提出其測試調查後的結果給我方，證明他們供應的椅腳品質是在合格範圍內，我們亦將此測試報告結果傳達給您，內容如下，供您參考。

照片 A：此中管呈現的結果是以測試儀器，使用重達 52 公斤的沙包，以自由落體方式，經 72,000 次連續撞擊所造成的結果。注意氣壓棒穿過底盤，直到接觸地面為止。

照片 B：此中管呈現的結果是以測試儀器，使用重達 52 公斤的沙包，以自由落體方式，經 38,000 次連續撞擊所造成的結果。注意氣壓棒穿過底盤，但不像圖 A 那樣接觸地面。

照片 C：這是您寄回的椅腳，裝上輪腳之後，成懸空狀

態，椅腳供應商指出，以一般常理判斷，坐在此椅中，如果中管因過重穿過底部，不應超過輪腳高度，亦即不會成懸空狀態。因此，他們檢視如此嚴重的突出，應該不是正常使用下所致，懷疑係外力破壞造成，所以他們拒絕負責椅腳損害一事，除非貴方能提出任何有利證明。

請別擔心我們絕對支持您，因為椅子是我方販售給您的，我方會負責到底，為了盡可能降低彼此的損失，請幫忙想出針對上述椅腳供應商所提出疑點的合理解釋，以利我方再次跟對方協商，是否他們必須負責此事。

先謝謝您的協助，希望儘速收到您的回覆。

2. 處理技巧

先蒐集對我方有利的證明（重擊檢測結果），提出椅腳供應商的疑點（藉力使力），同時要表態站在對方那一邊，對此事負責到底（同理心），最後請對方針對疑點提出合理解釋，將問題丟回去給對方（以其人之矛攻其人盾），再根據其回覆，作後續處理。預期可能會有兩種狀況：第一狀況，不提出任何解釋，或強辯堅持是我方的品質問題，這種狀況較麻煩，書信談判已無法解決，最好面對面談判，協商出雙方都能接受的方式；第二狀況，對方知難而退，不再要求賠償，這是最圓滿的結果。

3. 最後結果出爐

上述信件發出後，很幸運地，進口商不再回覆，此案似

乎是第二狀況，我方靜觀其變。

一個月之後，對方來函催促尚未出貨的三個貨櫃盡快出貨，對於損壞的椅腳一事隻字不提，我方除了盡速出貨，也應識大體地不再針對此事詢問對方，進口商則在二個月後來臺造訪，談論更進一步的合作細節，雙方見面時都很有默契不提此事。

4. 後記

儘管此事有驚無險，不過家具廠不敢掉以輕心，對於日後的每批貨物，都出具檢驗證明給進口商。除了是給進口商品質保障的誠意，同時也杜絕類似情況再發生。事後針對此事研判，可能因進口商同時向其他國家進口類似產品，遇上了品質不良，卻不願負擔賠償的出口商。進口商為了減低損失，鋌而走險，找其他代罪羔羊承擔損失，幸好被我方技巧破解，以免無端蒙受巨額損失。

▚ 談判花絮篇 ▚

精采的貿易談判

在全球貿易日益頻繁的狀態下，與對手談判的機會與日俱增。而談判的成敗影響極大，小至企業發展，大至國家未來。由於東西方文化的差異使然，如果可以知己知彼，往往有利於掌握對手的弱點，達到致勝的先機。

加入 WTO 之前，中美雙方有無數次的貿易談判，多數經由擔任外經貿部長的吳儀與美國貿易代表白茜芙對談，兩人經

過無數次交手，美國方面的咄咄逼人與吳儀的堅守底線，令人印象深刻。尤其吳儀歷次在電視中出鏡時的冷酷表情，更因此獲得「鐵娘子」的封號。在某次雙方展開智慧財產權議題談判時，字字珠璣，精采非凡，兩個女人見了面，免不了展開一番尖酸刻薄的對話。由於白茜芙一到中國，看到市面上滿坑滿谷盜版的「山寨」產品，怒火中燒，開場馬上挑釁：「Talking to a Chinese businessman is the same as talking to a thief!」反應快的吳儀一聽，也不甘示弱回嗆：「Talking to any western businessman is the same as talking to a robber, go back to your museum and look at those Chinese antiques, did you buy them? No, you stolen them!」只見白茜芙臉上無光，尷尬萬分地說道：「The weather is so nice today!」草草結束，擇日再議。這一役著實令美國悶得很，反觀吳儀在與白茜芙數度交手中，她有堅持底線的定力和「潑辣味」，也按上司授權適度退讓的靈活，最終解決了北京與華盛頓的貿易糾紛，建立取得最惠國待遇的基礎。

美國容易衝動的民族性，常在談判場合中，大吃悶虧。例如：美國 A 公司與日本 B 公司，進行一項技術合作投資案的談判。一開場，由美方代表滔滔不絕提出整個詳細企劃案、己方立場及所有具體的措施，之後美方向日方徵詢意見，但日方所有與會代表均面面相覷，無人發表任何意見。美方疑惑地問他們是否有不清楚之處，日方表示全部都不清楚，並請求美方再給些時間回去研究，第一回談判就這樣結束。一段時間之後，美、日雙方展開第二回談判，美方又從頭至尾，將整個詳

細企劃案、己方立場及所有具體的措施重述一次，日方只是不停地作筆記，沒人發問。接著，美方徵詢日方的意見，日方仍表示全部都不清楚，他們需要休會，回去仔細研究，美方無可奈何，只好勉強接受。這種「獨家聲明」的馬拉松式談判，持續了半年多，美國人終究被激怒，破口大罵日方藉故拖延，毫無誠意，賭氣地飛回美國。同時，日方代表團突然飛抵美國，這一次，不等美國人開口，他們將之前精心策劃的詳細方案，以無懈可擊的英語與美方討論所有細節，美方在毫無準備下，只好簽訂此明顯對日方有利的合約，真是兵不厭詐呀！

　　而工於心計的日本人，不但在談判時耍心機，甚至在談判前就開始佈局。先前有一外商主管，為了一筆巨額生意，須親赴日本談判細節。長途飛行後抵日，原本希望當晚養精蓄銳，為明日談判做準備，然而始料未及的是，一下飛機，就被日方公司接走了。日方動員包括各部門主管等眾人，為此外商主管及其隨從人員設宴洗塵，菜色豐富的筵席上，各部門主管輪番上陣敬酒，整晚，外商主管酒興極佳，喝到不醒人事。第二天還是在日方代表敲門時才驚醒，匆忙準備下，帶著昨夜的宿醉和日方談判。日方代表，個個頭腦清晰，準備充分，辯才無礙；反觀外商主管及其隨從人員，個個宿醉未醒，疲倦不堪，最後仍由日方佔盡優勢，贏得此談判。

參考文獻

中文部分

1.《參展行銷》段恩雷、溫月求編著/外貿協會叢書

2.《展覽行銷聖經》姚晤毅著/中國生產力中心

3.《展覽會行銷技巧》楊源文著/麥可國際出版公司

4.《國際禮儀》莊銘國著/五南圖書出版公司

5.《國際禮儀——如何和商人打交道》石詠琦著/五南圖書出版公司

6.《國際觀光禮儀》詹益政著/五南圖書出版公司

7.《MBA 教程之商務談判》譚地洲編著/世界商業文庫

8.《國貿談判》安紀芳編譯/絲路出版社

9.《全球商業談判——如何開拓國際商機》傑斯瓦德‧塞拉古斯著，新新聞編譯小組譯

10.《國際商業談判》丁建忠著，汪志堅校訂/五南圖書出版公司

英文部分

1. SURFEXPO http://www.surfexpo.com/

2. CEIR - Center for Exhibtion Industry Research

3. NOMADIC DISPLAY - Trade Show Topics

4. AMERICAN IMAGE DISPLAYS - The Why, Where And How Of Tradeshow Marketing

5. TRADE-SHOW-ADVISOR.COM - Planning, Giveaway Items, Trade Show Staffing, Exhibits & Displays, Marketingw

附錄一

全球各地展覽資訊

UFI-The Global Association of the Exhibition Industry（UFI 國際
展覽業協會）

http://www.ufi.org/

Association of the German Trade Fair Industry（德國展覽業協會）

http://www.auma.de

Messe Frankfurt（全球各地展覽會）

http://www.messefrankfurt.com/

m+a Int'l Tradeshow Directory（m+a 國際展覽年鑑）

http://www.m-averlag.com/

Trade Show Center（全球所有展覽會）

http://tradeshowcalendar.globalsources.com/

The Ultimate Event Resource（各國展覽最新消息）

http://www.tsnn.com/

AUMA Ausstellungs（AUMA 德國商展）

http://www.auma-messen.de/_pages/

Chinese Business World Fair（CBW 展覽總彙）

http://www.cbwchina.com/big5/expro/show.html#4

Meeting Professionals International（MPI 國際會展組織）

http://www.mpiweb.org/cms/mpiweb/default.aspx

World Trade Centers Association（WTCA 全球世貿中心總會）

http://world.wtca.org/portal/site/wtcaonline

中國展會中心

http://www.net2asp.com.cn/expo/expoind_all_01.htm

日本展覽情報個人筆記

http://www.geocities.com/Tokyo/Towers/6433/japan.html

世界主要展覽

http://www.taiwanchambers.net/showlist/mainshow.aspx?AspxAut
oDetectCookieSupport=1

世界展覽

http://biz.icxo.com/top_view_20184_1.htm

世界展覽會及主辦機構

http://my.hktdc.com/webdir/directory_detail_c.asp?catid=14&subc
atid=108&type=4

中國會展網

http://www.expo-china.com/web/exhi/exhi_main.aspx

Power Sourcing with Taiwan Trade（全球展覽導航——臺灣經貿網）

http://www.taiwantrade.com.tw/CH/informationlink.do?method=getDetailByBranch_B&LINK_ID=476

Messe Frankfurt USA（美國展覽會）

http://www.usa.messefrankfurt.com/

Hongkong-Asia Exhibition (Holdings) Ltd〔香港亞洲展覽（集團）有限公司〕

http://www.hka.com.hk

Global Trade Network（全球貿易資源網）

http://china-tradesources.com/exhibit/exhibit.htm

ExposWorld（國際展覽網）

http://www.exposworld.com/index.asp

Xinhua Net（新華網——會展頻道）

http://big5.xinhuanet.com/gate/big5/www.xinhuanet.com/expo/index.htm

massor i Frankfurt（瑞典展覽會）

http://www.messefrankfurt.se/

Society of Independent Show Organizers（德國展覽業協會）

http://www.siso.org/

Messe Frankfurt Mexico（墨西哥展覽會）

http://www.messefrankfurt.com.mx/

韓國大邱會議展覽中心

http://chinese.daegu.go.kr/business/industry/exhibition.asp

十大世界展覽城市

http://www.me360.net/showarticle.php?id=334

Bureau International des Expositions（Bie 國際展覽局）

http://www.bie-paris.org/main/index.php?lang=1

China International Conference Exhibition（中外會展）

http://www.zwhz.com/default.aspx

全球各地展覽資訊

http://www.easytrip.com.tw/reward/info_exhibit.asp

Calendar of International Toy Fairs（世界各國玩具展會一覽表）

http://www.toybase.com.tw/ftoy2-4.html

Chinese Graphic Arts Net（大中華印藝網）

http://big5.cgan.net/globalprint/

UK Exhibitions and Trade fairs（英國商展）

http://www.exhibitions.co.uk/

展覽世界

http://www.zhanlangongsi.cn/

國展網

http://www.ciec.cn/cms5root/pages/ciec/index.page

國際展覽導航

http://www.showguide.cn/

Messe Frankfurt Italia（義大利展覽會）

http://www.messefrankfurtitalia.it/

Deutshe Messe AG Hannover（德國漢諾威展覽集團臺灣代表處）

http://www.hannoverfairstaiwan.com/

Global Exhibition Net（環球商展網）

http://fair.mofcom.gov.cn/

附錄二

展覽企劃案

(一) 基本資料	
1.1 展覽會名稱	
1.2 展覽日期及時間	
1.3 會場地點	
1.4 展覽內容/主題	
1.5 主辦單位	
(二) 設定參展目標	
2.1 銷售目的：□維繫舊客戶情誼　□接單　□尋找新客戶	
2.2 其他目的：□觀摩產業　□企業品牌廣告　□蒐集商情	
(三) 前置作業項目	
3.1 召開展前會議，決定會期	
3.2 籌備組成員名單	
3.3 制定工作方案、工作日程、工作內容、費用預算	
(四) 攤位設計及設施	
4.1 自行設計	4.1.1 確定設計整體要求、風格、標誌、色調等
	4.1.2 進行場地和施工設計：平面設計、施工設計、道具設計
	4.1.3 宣傳設計：廣告、海報、資料袋、信封信紙等

4.2 委外設計	4.2.1 選擇或委託人員或設計公司並交待設計要求（索報價、洽談、簽約）
4.3 監督施工安排	4.3.1 會場確定面積
	4.3.2 所需資料和圖紙（規定、圖紙、申請表、合約等）
	4.3.3 基本設施：地面、桌椅、照明、水電、擴音設備、倉庫、會議室等
4.4 展示攤位	4.4.1 基本設施項目及尺寸，包含：地毯、框、架、板等，公司招牌、照明燈具、桌、椅、垃圾桶等
	4.4.2 租用設施：展櫃、模型、模特兒、灰架、燈具、花草等
	4.4.3 其他服務：水電等

(五) 展品的準備
5.1 公司決定的展品（種類、範圍、數量等）
5.2 開發合適的新產品
5.3 測試在現場操作示範的展品
5.4 準備品質認證書、操作說明書
5.5 準備包裝，拆裝展品需附組裝說明書，以利運抵展場，重新組立

(六) 展品運輸的安排
6.1 選擇運輸公司和代理：要各家之報價，經比價、議價後，擇優簽約

6.2 安排運輸行程：展品交運日期，辦理通關、文件製作和保稅手續
6.3 復運回國安排：結關之手續及必備單據，參展者出具出口報關單、復運回國物品清單，內容包括：展品、免費樣品、宣傳品，攤位物品、禮品、工具等
(七) 廣告宣傳
7.1 展覽會目錄（單張）、海報、展場宣傳提袋及招牌廣告
7.2 展覽邀請函：內容包含：公司介紹（名稱、地址）、展出內容、產品簡介、攤位位置圖及號碼等
7.3 刊登廣告：買主手冊、雜誌及相關刊物、網路
7.4 媒體活動：記者會、發佈新聞稿
7.5 參加大會舉辦之各種競賽、報告會、講座
(八) 展覽準備事項
8.1 準備認證文件、價格表、成交合約書、買主接待記錄表及市場調查表
8.2 編制展覽人員名單，包括：業務員、技術員、招待員、翻譯員等
8.3 培訓參展人員，制定展場工作要求細節
8.4 展場管理：工作輪班安排及調整、攤位環境維護
8.5 展品簡介及展出演練（預展）
8.6 參展人員服裝：統一訂作，或提出穿著規定要求
(九) 社交活動
9.1 展中宴請：對象、約定日期、提出邀請、地點安排、與會人員安排

9.2 展後拜會：對象、約定日期、行程安排、拜訪資料、見面禮品
9.3 準備禮品：展場贈送禮品、宴請用禮品、拜訪用禮品
(十) 參展人員行程安排
10.1 個別行程：由配合之旅行社訂購機、船、車票，委託當地客戶代訂飯店
10.2 跟團行程：團體行程（機票、食、宿）比價、選定及簽約
(十一) 參展期間財務預算及支付
11.1 已定款項：例如展覽攤位費、裝潢費、廣告費、運輸費、旅費等，於開展前，由公司直接支付給相關單位
11.2 未定款項：例如水電費、電話費、交際費、交通費、住房費、餐飲費及不可預期之雜費等，由參展人員於當地付訖

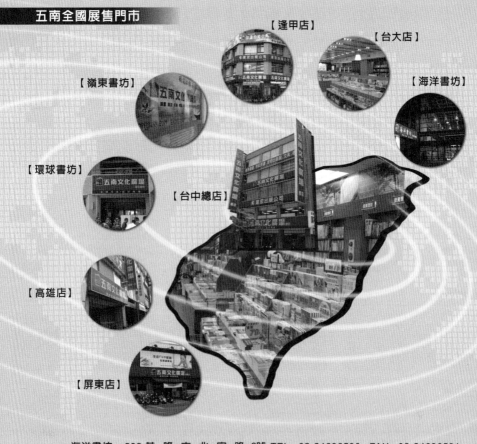

國家圖書館出版品預行編目資料

國際商展完全手冊／李淑茹著.--二版--.
--臺北市：書泉,2015.06
　面；　公分.
ISBN 978-986-121-977-6（平裝）

1.商品展示　2.行銷管理　3.行銷策略

497.3　　　　　　　　104003249

3M58

國際商展完全手冊

作　　　者 ― 李淑茹

發 行 人 ― 楊榮川

總 經 理 ― 楊士清

主　　　編 ― 侯家嵐

責任編輯 ― 侯家嵐

文字編輯 ― 余欣怡

封面設計 ― 盧盈良、童安安

出 版 者 ― 書泉出版社

地　　　址：106台北市大安區和平東路二段339號4樓

電　　　話：(02)2705-5066　傳　　　真：(02)2706-6100

網　　　址：http://www.wunan.com.tw

電子郵件：shuchuan@shuchuan.com.tw

劃撥帳號：01303853

戶　　　名：書泉出版社

總 經 銷：朝日文化事業有限公司

電　　　話：(02)2249-7714

地　　　址：新北市中和區橋安街15巷1號7樓

法律顧問　林勝安律師事務所　林勝安律師

出版日期　2010年 2 月初版一刷
　　　　　　2013年 3 月初版二刷
　　　　　　2015年 6 月二版一刷
　　　　　　2017年 6 月二版二刷

定　　　價　新臺幣380元